NPJ 논문의 정석

SPSS와 PROCESS macro를 활용한 논문작성법

책 한 권에 양적연구의 모든 것을 담았다!

지은이 **NPJ데이터분석연구소**

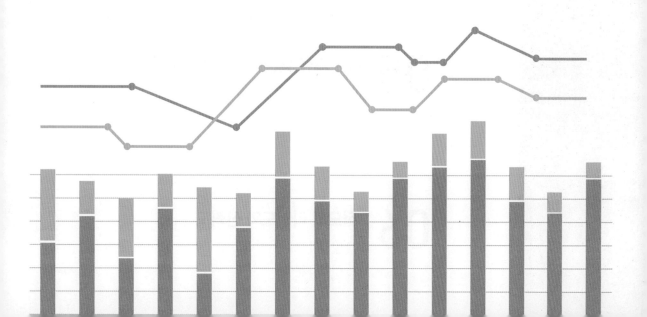

CONTENTS

들어가며

이 책은 NPJ 데이터분석연구소의 논문 강의 및 컨설팅 경험을 기반으로 만들어졌다. 우리는 이 책 한 권을 통해 혼자서 논문을 작성할 수 있어야 한다는 목적으로 양적연구 주제선정부터 통계분석까지의 전반을 다루었다. 이 책은 다음의 강점들을 갖는다.

첫째, 이 책은 교육학, 보건·의학, 간호학, 경제학, 경영학, 상담·심리학, 사회복지학, 사회학 등 양적연구방법을 적용할 수 있는 모든 학문영역에 활용 가능한 논문 관련 정보를 담고 있다. 뒤에서 자세히 설명하겠지만 논문의 연구방법은 크게 양적연구와 질적연구로 구분된다. 이 책은 양적연구를 주로 다루는데, 이유는 양적연구방법론의 경우 논문마다 키워드만 달라질 뿐, 실증방법이나 작성할 내용이 학문의 특성과 관계없이 모두 동일하기 때문이다. 따라서 이 책에서 활용되는 변수들이 본인의 주제와 관련이 없더라도, 그 내용에 자신의 변수를 대입하여 그 예시들을 이해한다면 논문을 작성하는 데 많은 도움이 될 것이다.

둘째, 우리는 이 책 한 권의 내용만 충분히 이해한다면 웬만한 소논문과 학위논문을 끝마칠 수 있도록 내용을 구성하였다. 논문, 그리고 통계분석에 관한 다양한 책들이 쏟아져 나오고 있지만, 책 한 권만으로 논문 전체를 작성할 수 있도록 만든 책은 찾아보기 어렵다. 예를 들어 논문주제에 관한 책은 한국의 논문시장 상황과 맞지 않거나, 특정 학문영역만 다루고 있으며, 연구방법론을 함께 다루지 않는다. 연구방법론 차원에서 통계분석방법을 다룬 책은 그 책의 목적에 따라 부분적으로 통계분석방법을 다루지만 논문주제설계나 분석파트의 흐름 전체를 반영하고 있지는 않다. 초보연구자는 자신의 연구주제를 실증하기 위해 어떤 순서로, 어떤 방법론을 활용할지 파악을 못 한 경우가 많으므로, 기존에 있던 통계분석 관련 책을 통해서는 논문의 전체적 흐름이나 분석의 방향을 결정하기 어렵다. 이 책은 초보연구자가 혼자서 논문주제 설계부터 통계분석까지 체계적으로 이해할 수 있도록 내용을 구성하였다.

마지막으로 이 책은 초보연구자 역시 고급연구모형을 설계하고 실증할 수 있도록 기초통계분석부터 Process macro를 활용한 고급통계 분석방법을 폭넓게 다루었다. 초보연구자들을 대상으로 한 책들은 대부분 다중회귀분석 정도에 그치고 있지만, 사실 한국의 논문시장에서 석사학위논문이라 하더라도 단순회귀분석 정도로 논문주제를 결정하는 경우는 드물다. 따라서 복잡한 연구모형을 쉽게 분석할 수 있는 Process macro 활용법을 통해 연구자들이 고급연구모형에 쉽게 접근할 수 있도록 내용을 구성하였다.

종합하면 이 책은 양적연구 흐름 전반에 대한 설명과 더불어 연구모형 설계방법, 통계분석방법 결정 방법, 기초부터 고급통계분석의 실습 등의 순서로 진행된다. 그리고 모든 내용은 실제 논문에 보편적으로 들어가는 순서에 따라 정리되었으므로 본인이 참고하고 있는 논문과 비교를 해 가면서 읽는다면 더 쉽게 이해할 수 있을 것이다. 실습자료는 blog.naver.com/paperfessor/222411902543에서 받을 수 있다. 책을 읽기 시작하기 전에 몇 가지 용어에 대해 익숙해질 필요가 있다. 논문에서 보편적으로 사용되는 용어를 간단하게 정리하면 다음과 같다.

용어	의미
변수(변인)	논문에서 연구자가 관심을 가지는 개념을 측정한 수치적 자료를 의미한다. 독립변수, 종속변수, 매개변수, 조절변수, 통제변수(보정변수) 등으로 분류된다.
가설	논문은 내가 하고자 하는 주장을 실증해야 하는 과정이다. 귀무가설(영가설)과 대립가설로 구분된다. 귀무가설은 변수 간 관계가 차이가 없을 거라는 가설이며 대립가설은 차이가 있을 거라는 가설이다. 일반적으로 우리는 대립가설로 가설을 세우게 된다. ex. 수평적 조직문화 수준에 따라 근로자들의 직장만족도는 차이가 있을 것이다.
유의확률(p)	평균, 분산 등 응답자들의 대푯값을 중심으로 통계분석을 진행하는데, 눈으로 보이는 대푯값의 단순한 차이가 통계적으로 의미가 있는 차이인지를 확인하는 기준. 일반적으로 유의확률이 0.05 미만일 때 통계적으로 유의하다고 판단한다.
SPSS	통계분석을 할 수 있는 프로그램 이름이다. R, STATA, SAS 등 다양한 프로그램이 존재하며 분석툴만 다를 뿐 분석의 수학적 접근방식이 동일하므로 결과는 같다. 이 책은 SPSS를 사용하는데, SPSS는 국내에서 가장 많이 사용되는 프로그램일 뿐만 아니라 사용방법이 매우 쉽다는 장점을 갖는다. AMOS, M-plus 등의 프로그램은 구조방정식에 특화된 프로그램이므로 차이가 있다. SPSS와 연동이 되는 구조방정식 프로그램은 같은 회사에서 개발된 AMOS가 있다.

01

양적연구란?

01. 양적연구란?

논문을 준비하면서 양적연구와 질적연구라는 단어를 들어보았을 것이다. 이 둘의 차이는 무엇일까? 양적연구는 쉽게 말해 연구자의 연구목적 및 가설을 수치적인 자료를 활용하여 분석하고 결론을 도출하는 연구방법론을 의미한다. 즉 선행연구를 통해 도출된 나의 연구가설을 통계분석을 통해 실증하고, 그 결과를 토대로 정책이나 현장에 도움이 될 만한 시사점들을 찾아가는 과정이다. 반대로 질적연구는 행동, 언어, 현상 등 수량화되지 않은 자료를 분석하여 결론을 도출하는 연구방법론이다. 대표적으로 인터뷰, 관찰, 선행연구에 대한 고찰 등의 방법들이 존재한다. 양적연구와 질적연구의 차이는 결국 분석하는 자료에 있다.

이 책의 내용은 주로 양적연구를 기반으로 한다. 질적연구가 기본적으로 비정형자료를 중심으로 이루어지기 때문에 매우 광범위한 접근법을 가진 것에 반해, 양적연구방법은 학과와 관계없이 동일한 작성틀이 공유되고 있어, 초보 연구자들이 쉽게 접근할 수 있기 때문이다. 이 책 한 권으로 양적논문을 작성한다는 콘셉트로 책 내용을 집필한 과도한 자신감 역시 양적연구의 틀과 통계분석방법만 책 한 권에 담을 수 있다면 이것만으로도 많은 연구자들이 양적연구 전반을 이해할 수 있을 것이라는 확신 때문이었다.

양적연구 틀과 목차를 설명하기 전에 독립변수와 종속변수의 개념을 언급할 필요가 있다(이 내용은 뒤에서도 자세히 다룰 예정이다). 독립변수와 종속변수는 한마디로 원인과 결과다. 종종 연구자들은 독립변수와 종속변수의 개념 없이 <OOO 사업에서의 만족도 연구>라는 연구주제를 가지고 "지도교수님이 이것은 논문보다는 보고서에 가깝다라고 하시는데 그것이 이해가 안 간다"라는 질문을 하는 경우가 있다. 연구자의 직업, 혹은 연구자가 관여하고 있는 사업에만 관심을 두고 연구의 기본적인 목적을 이해하지 못해서 발생한 문제다. 그 외에도 다양한 문제가 있겠으나 가장 중요한 것은 저 주제에는 독립변수(원인)와 종속변수(결과)가 존재하지 않는다. 가령 교육학과의 논문이라면 '성적'이라는 종속변수를 향상시킬 수 있는 독립변수를 찾아 시사점을 논의할 필요가 있다.

일반적으로 논문에서 가장 중요한 변수는 종속변수일 때가 많다. 교육학과면 학업성취도, 경영학과면 기업의 성과, 보건·의학이면 건강이다. 즉 그 학과의 존재 이유다. 그리고 그 종속변수에 영향을 미칠 수 있는 재미있는 독립변수들을 찾는 것이 양적연구 설계방법의 추세라고 해도 과언이 아니다. 다시 말해 내가 공부하는 학문이 궁극적으로 해결하고자 하는 목표가 종속변수라면, 종속변수를 예측할 수 있는 관련변수(보호요인이나 악화요인)들을 찾는 것이 핵심인데, 위 단락에 언급한 주제는 '만족도'라는 키워드 밖에 존재하지 않기 때문에 논문보다는 보고서에 더 가까운 글이 될 것이다. 원인과 결과 분석을 통해 연구자들은 해당 이슈에 대한 해결방안, 시사점을 제시해야 한다는 것을 잊지 말아야 한다.

그렇다면 양적연구의 틀은 어떻게 구성될까? 가장 보편적인 흐름을 고려해봤을 때, 양적 연구방법을 활용한 논문의 틀은 주로 다음의 순서로 이루어진다.

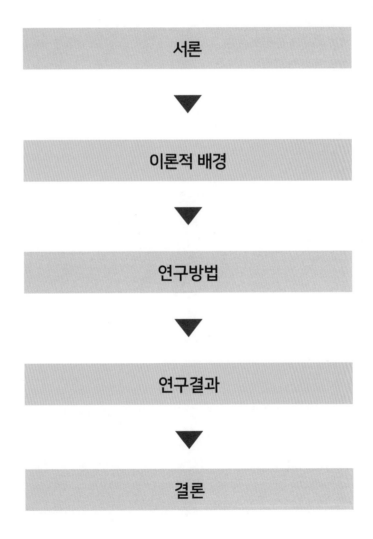

1) 서론

　서론은 주로 연구의 필요성과 연구목적으로 이루어진다. 서론을 쓰는 법은 다양하지만, 중요한 것은 아무 계획 없이 글을 쓰기 시작한다면, 글의 흐름(스토리)이 산으로 가게 된다. 그래서 서론을 쓸 때에는 단락마다 내가 하고 싶은 말을 한 줄로 요약해 놓고, 각 단락에 글을 채운 뒤 그것들을 연결해주는 방식이 도움이 된다. 만약 COVID-19 상황에서 중학생의 비대면 수업의 실재감과 학업성취도라는 주제를 계획했다고 가정해보자. 연구자는 서론을 통해 1) 왜 이 시점에 학업성취도를 연구해야 하는지, 2) 이 종속변수의 예측요인으로 어떤 독립변수를 투입할 것이고 그 이유는 무엇인지, 3) 이러한 시도가 연구적, 실천적으로 어떠한 의의를 갖는지를 제시해주어야 한다. 그리고 마지막으로 4) 위 내용을 토대로 어떠한 연구목적을 갖게 되는지를 정리해준다.

2) 이론적 배경

　이론적 배경은 주요변수에 대한 개념적·이론적 정의, 그리고 독립변수와 종속변수 간 관계에 대한 선행연구 고찰 등으로 이루어진다. 보통 이 이론적 배경을 먼저 작성하고 서론에서 그것들을 요약하여 연구목적을 도출하는 식으로 논문을 작성하는 경우도 많이 있다. 학위논문의 경우 내 연구에서 사용하는 각 변수들의 이론적 개념과 선행연구 고찰, 연구모형에 관한 선행연구고찰 등을 종합적으로 정리해야 하지만, 학술지 소논문의 경우 내가 설정한 가설을 중심으로 이론적 배경을 정리하는 편이다. 만약 업무스트레스가 이직의도에 미치는 영향이라는 주제라면, 학위논문의 경우 1) 업무스트레스의 개념, 2) 업무스트레스에 관한 선행연구고찰, 3) 이직의도의 개념, 4) 이직의도에 관한 선행연구 고찰, 5) 업무스트레스와 이직의도의 관계에 관한 선행연구고찰 순으로 이루어지지만, 소논문의 경우 업무스트레스와 이직의도의 관계에 관한 선행연구고찰을 중심으로 작성하는 편이다.

3) 연구방법

　연구방법은 나의 연구문제, 가설을 어떻게 검증할 것인지를 설명하는 파트이다. 연구방법 내에서도 하위목차가 존재하는데 그 순서는 주로 1) 연구대상 → 2) 측정변수 설명(조작적 정의) → 3) 자료분석방법 순으로 이루어진다. 연구대상은 이 연구를 하기 위해 어떠한 연구대상의 자료를 수집하였고, 조사는 어떻게 이루어졌다는 식의 내용이며, 측정변수 설명은 내가 분석할 변수들을 어떠한 방식으로 측정했는지에 대한 내용이다. 이는 조작적 정의에 대한 내용이기도 한데, 대표적인 조작적 정의는 지능지수를 IQ로 측정하는 방식이다. 이때 우리는 연구대상의 지능을 측정하기 위해 어떤 연구자가 개발한 지능검사지를 활용하였고, 그것을 IQ라 표현하며 그 점수가 높을수록 지능이 높은 것으로 판단한다는 식의 내용을 기재할 수 있다. 마지막으로 자료분석방법은 조사를 통해 얻게 된 데이터를 어떤 통계프로그램으로, 어떤 분석방법을 활용하여 가설을 실증할 것인지에 대한 내용으로 이루어진다.

4) 연구결과

연구결과는 통계분석을 통해 나온 결과를 설명하는 단계이다. 양적연구에서는 연구자의 가설을 통계적으로 실증한 결과를 적는 파트이다. 최대한 실증적이고 객관적으로 결과를 해석해주어야 한다. 주로 빈도분석, 기술통계분석, 상관관계분석 등의 기초분석결과, 그리고 최종연구모형(가설검증) 순으로 작성하는 편이다. 여기에서 과도한 의미 해석이나 시사점을 논의하지는 않지만, 독자들의 가독성을 높이기 위해서는 수치의 해석과 더불어 그 결과가 무엇을 의미하는지도 간략하게 적어 주는 것이 좋다.

5) 결론

결론은 1) 연구자의 연구결과를 선행연구결과와 비교검토하고, 2) 그 결과들을 토대로 실천적, 제도적으로 어떤 노력을 해야 하는지에 대해 논의하며, 3) 마지막으로 연구의 의의와 한계점, 후속연구의 방향성 등을 제시하는 순으로 이루어진다. 결론은 양적연구에 있어 가장 중요한 부분이기도 하다. 만약 COVID-19로 인한 비대면 수업에서 실재감이 낮을 때 학업성취도가 떨어진다는 분석결과가 나왔다면, 실재감을 높일 수 있는 다양한 제도적, 기술적 대안들을 구체적으로 제시할 필요가 있다.

02

Data의 활용 : 1차 데이터와 2차 데이터의 활용

02. Data의 활용 : 1차 데이터와 2차 데이터의 활용

양적연구에서 가장 중요한 것은 연구자의 가설을 검증하는 단계인 데이터분석이다. 따라서 분석할 데이터의 유형을 이해할 필요가 있다.

논문에서 활용하는 데이터는 크게 1차 데이터와 2차 데이터로 구분된다. 1차 데이터는 직접 조사를 해서 얻게 되는 데이터이며, 2차 데이터는 타인, 혹은 타 기관에서 조사한 데이터를 말한다. 1차 데이터와 2차 데이터의 활용여부에 따라 논문을 쓰는 데 있어 다양한 차이가 발생한다.

	1차 데이터	2차 데이터
장점	- 원하는 연구주제에 맞게 대상, 변수를 조사할 수 있음 - 직접 조사를 하기 때문에 연구설계만 잘 이루어진다면 논문의 차별성 확보에 용이함	- 시간과 비용 절약 - 주로 기관에서 조사를 하기 때문에 많은 응답자 수, 다양한 변수를 확보할 수 있고, 반복적 종단조사가 가능함
단점	- 시간과 비용이 많이 소요됨 - 반복적 측정이나 많은 응답자 수를 확보하기 어려움	- 타인이 조사한 변수를 활용해야하기 때문에 주제의 절충 필요함 - 많은 연구자들이 데이터를 공유하기 때문에 제한적인 변수들 내에서 차별성을 찾아야 함

먼저 1차 데이터의 장점은 원하는 연구주제에 맞게 다양한 대상이나 변수를 선정하여 조사할 수 있다는 점이다. 따라서 연구자 개인의 요구가 반영되지 않고, 다양한 사람들이 공유하게 되는 2차 데이터와는 달리, 설계만 잘 이루어진다면 쉽게 연구의 차별성을 가질 수 있다. 1차 데이터의 단점은 시간과 비용이 많이 소요된다는 점, 그리고 개인 연구자가 조사하는 것이기 때문에 많은 연구대상의 확보나 종단적 측정이 어렵다는 점 등이 있다.

그렇다면 2차 데이터의 장점은 무엇일까? 먼저 시간과 비용의 절약이다. 1차 데이터를 구축하기 위해서는 직접 표본을 선정하여 조사를 해야 하고, 응답에 대한 보상을 해야 하는 등 시간과 비용이 많이 드는 편이다. 하지만 2차 데이터는 각 영역에 대한 발전과 문제 해결을 위해 연구자들에게 개방하고 있는 데이터이기 때문에 우리는 이 데이터를 다운로드 받아 분석만 한다면 쉽게 연구가설을 검증할 수 있다. 그 대표적인 데이터가 재정패널, 국민노후보장패널, 아동청소년패널, 고령화연구패널, 한국복지패널, 여성가족패널, 국민건강영양조사, 청소년건강행태온라인조사, 인적자본기업패널 등이다. 데이터명을 보면 알겠지만, 한국에서는 의학(국민건강영양조사, 청소년건강행태온라인조사), 청소년학(아동청소년패널), 사회학(고령화연구패널, 국민노후보장패널, 한국복지패널), 경제학(재정패널, 인적자본기업패널) 등, 거의 모든 학문영역에서 연구할 수 있는 개방형 2차 데이터가 확보되어 있다. 그리고 2차 데이터는 기관 차원에서 조사를 하기 때문에 많은 응답자를 보유하고 있고, 같은 응답자를 반복적으로 조사할 수 있어 종단연구가 가능하다는 장점도 갖고 있다. 다만 1차 데이터의 장점과 관련하여 봤을 때, 진정으로 연구자가 분석하고 싶은 대상과 주제 등에 있어서는 '절충'이 필요하다는 단점이 존재한다.

1) 설문지 설계

　설문지 설계는 1차 데이터 활용 논문을 위해 필요한 부분이다. 앞서 설명한 것처럼 1차 데이터 논문은 직접 조사한 데이터를 활용한 논문을 말한다. 양적연구를 작성하는 데 있어 이론적 정의와 조작적 정의를 이해할 필요가 있다. 대표적으로 지능이라는 이론적 개념이 있다면, 그것을 측정할 수 있는 웩슬러지능검사(IQ)와 같은 측정방식이 조작적 정의가 된다. 조직문화, 직무스트레스, 우울 등의 변수들 역시 그 수준을 측정할 수 있는 다양한 도구들이 존재한다. 우울척도의 경우 단순히 '당신은 얼마나 우울합니까?'로 질문되는 것이 아니라 전문가들의 견해를 통해 우울 증상에 대한 간접질문들로 이루어져 있으며, 많은 사람들을 대상으로 통계적 타당성도 검증되어 있다. 따라서 1차 데이터를 활용하고자 하는 연구자라면 무작정 연구주제를 설계하기보다는 선행연구 고찰을 통해 타당화 되어있는 측정도구가 존재하는지부터 확인해볼 필요가 있다. 그리고 그러한 측정도구들과 함께 기본적인 인구사회학적 특성 질문들로 설문지를 구성할 수 있다.

2) 2차 데이터의 활용

　2차 데이터는 정부나 연구기관 등에서 실시한 조사결과 데이터를 의미한다. 2차 데이터를 활용하는 데 있어 중요한 것은 절충이다. 나의 연구목적을 위해 조사된 데이터가 아니기 때문에 연구자의 본질적 문제의식과 정확히 부합하는 변수가 존재할 가능성은 낮다. 다만 절충을 감안한다면 활용할 수 있는 데이터는 매우 다양하다. 재정패널, 국민노후보장패널, 아동청소년패널, 고령화연구패널, 한국복지패널, 여성가족패널, 국민건강영양조사, 청소년건강행태온라인조사, 인적자본기업패널 등 다양한 논문에 활용될 수 있는 데이터들이 존재한다. 그럼에도 불구하고 많은 연구자들이 본인이 활용할 수 있는 2차 데이터의 존재여부도 모르는 경우가 많다. 학술검색을 통해 본인의 주제와 유사한 선행연구들을 충분히 검토하여 2차 데이터의 존재여부를 확인해보아야 한다.

03

논문주제 설계하기 노하우

논문주제를 설계하는 것은 쉬우면서도 어렵다. 쉽다는 것은 양적논문주제 설계방식이 사실 굉장히 단순한 원리에 의해 이루어지기 때문이고, 어렵다는 것은 그러한 쉬운 연구모형 설계가 탄탄한 이론적 토대 위에서 이루어져야 할 뿐만 아니라 차별성도 확보해야 하기 때문이다. 논문주제를 설계하는 데 있어 가장 효율적인 첫 번째 전략은, 연구자의 학과에서 관심을 갖는 이론에 부합하는 트렌디한 변수를 찾고, 그것에 연구자의 문제의식을 더하는 방식이다. 특히 학위논문의 경우 지도교수님의 관심분야를 적용하는 것이 좋은 전략이 될 수 있다. 만약 지도교수님과의 공동작업이 요구되는 상황에서 나의 관심분야는 수학성취도이며 교수님의 관심분야는 홈스쿨링이다. 우리는 수학성취도라는 종속변수에 홈스쿨링의 강점을 연결시켜야 할 것이다.

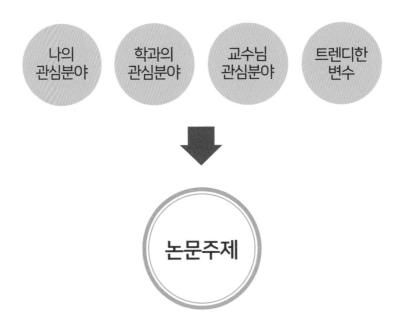

두 번째 전략은 키논문이다. 키논문으로는 연구자의 관심분야와 유사한 선행논문, 혹은 연구자가 분석해야 하는 실증방법론을 잘 정리한 논문 등을 설정한다. 웬만하면 석사학위논문보다는 박사학위논문, 국내 등재학술지, 그리고 국외논문 등을 키논문으로 설정할 것을 권장한다.

1) 연구모형이란?

 연구모형은 나의 연구주제를 한눈에 이해할 수 있도록 시각화한 그림이다. 학위논문 작성 시 지도교수님들은 주로 연구모형을 요구한다. 하지만 많은 초보연구자들이 연구모형설계 경험이 부족하여 그에 대한 답을 하지 못한다. 연구모형은 이론적 모형과도 관련이 있지만 통계분석방법과도 밀접한 관련이 있기 때문이다. 그렇다면 이론적 모형과 통계분석 모형은 무엇이 다를까? 이론적 모형의 대표적인 예는 다음과 같다.

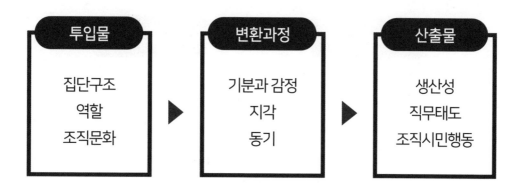

 조직행동에 관한 이론적 모형의 일부를 발췌하였다.[1] 조직의 구조, 역할, 문화에 의해 근로자들의 기분과 감정, 지각, 동기가 긍정적으로 변하고, 이러한 변화로 인해 근로자의 생산성, 조직에 대한 태도, 시민행동이 긍정적으로 변화되어 조직성과로 이어진다는 논리다. 이러한 이론적 경로를 토대로 우리는 조직의 긍정적 조직문화가 근로자의 만족도 향상을 통해 생산성에 긍정적 영향을 미칠 것이라는 가설을 도출할 수 있다.

 과거에는 주로 독립변수와 종속변수의 관계를 분석하였지만, 이 모형이 너무 간단하면 서도, 유사한 모형이 많다는 점에서 연구자들은 매개변수, 조절변수, 혹은 더 복잡한 연구 모형에 대해 관심을 갖게 되었다. 재미있는 연구모형을 설계하기 위해 독립변수, 종속변수, 매개변수, 조절변수에 대해 알 필요가 있다.

---

1) Robbins, S. P., & Judge, T. A. (2013). Organizational behavior (Vol. 4). New Jersey : Pearson Education.

2) 독립변수와 종속변수

 독립변수와 종속변수는 원인과 결과다. 즉, 독립변수와 종속변수의 관계에는 시간적 선후 관계가 존재한다. 술이 간 질환에 부정적인 영향을 미칠 수 있지만, 간 질환이 음주에 영향을 미치는 것은 설득력이 부족하다. 조직행동론에서 제시한 이론적 모형을 토대로 독립변수와 종속변수를 구성한다면 '조직문화가 직무태도에 미치는 영향'이라는 주제가 나올 것이다. 독립변수와 종속변수만 존재할 때의 모형은 아래 그림과 같다.

3) 매개효과 모형

 매개라는 말 그대로 매개변수는 독립변수와 종속변수의 관계를 매개하는 역할을 하는 변수를 말한다. 긍정적인 조직문화와 근로자의 직무태도의 직접적인 관계는 거리가 꽤 멀다. 조직행동 이론적 모형을 고려하면, 그 다리(매개)역할을 해주는 변수가 바로 직장에 대한 만족감이다. 긍정적인 조직문화 수준이 높을수록 근로자의 직장에 대한 만족감이 높아져서 결국 직무태도가 좋아질 것이라는 연구모형이다.

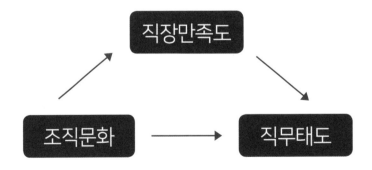

4) 조절효과 모형

조절효과는 조절변수가 독립변수와 종속변수의 '관계'에 영향을 미친다는 가설을 검증할 때 활용한다. 변수끼리 화살표를 주는 독립변수, 매개변수, 종속변수의 조합과 달리 아래 그림처럼 조절변수는 독립변수에서 종속변수로 향하는 화살표에 영향을 주는 연구모형이다. 예를 들어 우리는 실업을 하면 우울해진다. 따라서 실업이 우울을 증가시키는 영향력을 확인하는 모형을 설계하고, 그 영향력을 조절하는 변수로서 직업지원제도를 투입한 모형이다. 즉 실업이 우울에 미치는 영향력에 대해 직업지원제도가 보호효과를 보이는지를 확인하는 연구모형이다. 기본적인 연구모형들로는 이렇게 독립변수와 종속변수의 관계를 보는 모형부터 매개효과, 조절효과 모형을 언급하였지만, 최근 매개효과와 조절효과를 통합한 조절된 매개효과 모형, 매개효과의 확장된 형태인 다중병렬, 다중직렬매개효과 등도 존재한다. 실제 통계분석실습에서는 이러한 다양한 연구모형을 다룰 예정이다.

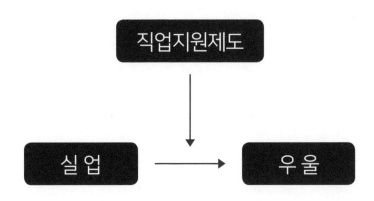

5) 연구모형 결정 노하우

연구모형을 잡는 것에도 전략이 필요하다. 이는 전반적인 주제선정 방법과도 같은 맥락에서 이해할 수 있다. 여러 차례 강조하지만, 종속변수는 그 학과의 존재 이유다. 경영학과라면 조직의 성과, 의학과라면 질병 혹은 회복, 교육학과면 성적이다. 따라서 종속변수로 너무 오랜 고민을 할 필요는 없다. 연구의 차별성은 주로 독립변수, 매개변수, 조절변수, 그리고 대상에 의해 결정되기 때문이다.

연구모형을 결정하는 노하우로는 첫째, 종속변수가 결정된 상황에서 선행연구, 이론을 충분히 검토하여 그것에 영향을 미칠 수 있는 독립변수, 매개변수, 조절변수 후보들을 정리한다. 특히 무작위로 선행연구나 이론을 검토하기 보다는 연구자의 관심분야, 지도교수 및 같은 연구실의 선배들의 논문들을 종합적으로 고려하여 자료를 찾아나가는 것이 전략이 될 수 있다.

둘째, 변수뿐만 아니라, 대상의 차별성을 주는 것도 좋은 연구모형을 설계하는 데 도움이 된다. 대상의 차별성은 일반 성인보다는 노인, 일반 노인에 비해서는 은퇴노인과 같이 특수성이 있는 대상을 선정하는 것을 의미한다. 똑같은 종속변수라도 성별, 연령에 따라 예측 요인이 달라질 수 있기 때문에 특정한 대상을 설정했다면 그 대상에 맞는 변수들로 연구모형을 설계하는 것도 참신한 연구모형을 결정하는 전략이 될 수 있다.

마지막으로 시의적절한 사회문제를 반영하는 것 역시 전략이 될 수 있다. 이 책의 집필을 시작했던 때 코로나 바이러스가 가장 큰 사회적 이슈였는데, 뻔한 연구모형임에도 불구하고 그 시기에 가장 이슈가 되는 문제를 반영한다면 시의적이고 참신한 논문이 될 수 있다. 이에 관하여 선행이론과 논문뿐만 아니라 뉴스, 기사를 검색하는 방법도 전략이 될 수 있다. 나의 키워드와 관련된 뉴스나 기사에 지속적인 관심을 갖는다면 해당 키워드에 있어 시의성 있는 문제의식을 찾는 데 도움이 될 것이다.

결국 연구모형 설계방법에 있어 중요한 전략은 충분한 이론, 선행연구 고찰을 통해 트렌디한 독립변수, 매개변수, 조절변수를 설정하고, 연구대상에 차별성을 두며, 시의적 문제를 반영하는 노력들을 가하는 것이다.

04

통계분석방법의 결정 및 순서

04. 통계분석방법의 결정 및 순서

1) 통계분석방법의 결정

통계분석방법의 결정 방법은 아마 이 책의 독자들이 가장 많이 궁금해하는 부분 중 하나일 것이다. 통계방법을 검색해보거나 책을 읽어보면, t−test, x^2−test, ANOVA, 회귀분석 등 너무 다양한 분석방법들이 나오는데 도대체 우리는 무슨 기준으로 통계분석방법을 결정해야 할까? 가장 쉽게 설명하자면, 통계분석방법은 변수와 데이터의 성격에 따라 결정된다. 특히 변수의 성격은 우리가 사회조사방법론을 통해 들었던 명목척도, 서열척도, 등간척도, 비율척도와 관련이 있다. 즉 변수는 문항 및 응답의 특성에 따라 구분된다.

먼저 명목변수는 성별, 지역과 같이 응답들이 수학적인 의미를 가진 것이 아니라 각각의 특성을 단순히 구분하기 위한 변수이다. 데이터가 숫자로 입력되어야 해서 서울(1), 경기(2), 강원(3)으로 입력을 하게 되지만 3이 1보다 높은 개념은 아니다. 서열변수는 응답들에 순위를 부여할 수 있지만 그것에 대해 더하기, 빼기, 나누기, 곱하기와 같은 사칙연산을 적용할 수는 없다. 데이터에는 중졸(1), 고졸(2), 대졸(3)로 입력하지만 사람들의 학력을 더하거나 평균을 내는 게 의미가 없는 것처럼 말이다.

등간변수에 대해 IQ와 온도 등을 대표적인 예로 사용하는 경우가 많다. 등간변수는 서열변수의 의미를 포함하기도 하는데, 온도 10도, 20도, 30도는 수치가 높아질수록 온도가 높아짐을 의미할 뿐만 아니라 그 사이의 간격 역시 같다고 할 수 있다. 하지만 여기에서 중요한 것은 0이 실제로 온도가 없음을 의미하는 것은 아니기 때문에 등간변수에서는 절대적인 0의 존재는 없다. 반면에 비율변수는 신장, 몸무게와 같이 절대적인 0이 존재하는 변수이다. 신장이나 몸무게는 음수일 수 없듯이, 0은 단지 그것이 없는 상태라고 볼 수 있다.

그런데 통계분석방법을 결정할 때는 또 다른 구분을 사용하게 된다. 바로 범주형 변수와 연속형 변수이다. 범주형 변수 안에는 명목, 서열변수가 포함되고, 연속형 변수 안에는 등간, 비율변수가 포함된다.

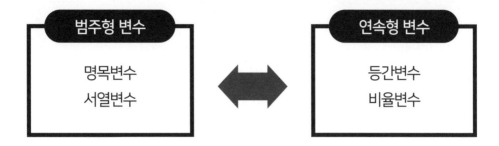

범주형 변수		연속형 변수
명목변수 서열변수	↔	등간변수 비율변수

 통계분석을 하는 데 있어 범주형 변수와 연속형 변수를 좀 더 쉽게 구분하는 방법은 응답 범주가 적은지 많은지를 생각해보면 된다. 예를 들어 연령과 연령대를 생각해보자. 연구대상에 20~30대만 포함된다고 하더라도 연령 변수의 응답범주는 최대 20개가 된다. 그러나 연령대로 이것을 구분한다면 20대 / 30대 두 집단의 변수로도 활용 가능하다. 이때 연령대 변수는 서열변수로서 범주형 변수에 포함되고 연령 변수는 비율변수로서 연속형 변수에 포함된다. 이러한 구분이 익숙해졌다면 그것을 분석방법과 연결시켜 보자.

 먼저 독립표본 t-test는 범주형 변수와 연속형 변수의 관계를 알아보는 대표적인 방법이며, 이때 독립변수는 2집단을 가진 범주형 변수(성별), 그리고 종속변수는 성적이 될 수 있다. 즉 '남자와 여자 중 누가 성적이 더 좋을까?'라는 연구문제를 검증하기 위해서는 독립표본 t-test를 활용해야 한다.

 분산분석은 세 집단 이상의 범주형 변수와 연속형 변수의 관계를 확인할 때 쓰는 방법이며 '서울, 경기, 부산 중 학생들의 성적이 가장 높은 지역은 어디일까?'와 같은 연구문제를 검증할 때 사용된다.

교차분석(x^2-test)은 범주형 변수와 범주형 변수의 관계를 알아볼 때 활용 가능하다. x^2-test는 '남자와 여자가 더 많이 분포되어 있는 지역은 어디일까?'라는 연구문제를 해결하기 위해 사용될 수 있다.

 상관관계 분석은 연속형 변수(성적)와 연속형 변수(생활만족도)의 관계를 볼 때 활용된다. 여기서 주목해야 할 부분은 선형회귀분석과 그 특성이 같다는 것인데, 여기에서의 관계는 인과관계라기보다는 상호관계로 이해해야 한다. 즉 상관관계 분석을 통해 나온 결과를 해석할 때는 '성적이 생활만족도를 증가시켰다'라는 표현보다는 '두 변수 간 비례적(정적), 혹은 반비례적(부적) 상관관계를 보였다' 정도의 해석을 하는 것이 더 적절하다.

단순 선형회귀분석과 다중회귀분석은 독립변수가 하나인지, 두 개 이상인지 여부에 따라 달라지며, 이 역시 상관관계분석과 마찬가지로 연속변수와 연속변수의 관계를 볼 때 사용되는 분석방법이다. 횡단연구(시간의 변화가 고려되지 않은)에서의 회귀분석 결과로 인과관계를 확인했다고 했을 때 여러 가지 문제의 소지가 있겠으나, 어쨌든 이 모형을 설계할 때는 변수 간 인과관계의 가설을 적용한다. 성적과 생활만족도를 변수로 활용한다면, 이 회귀분석 모형은 '청소년들은 성적이 높을수록 생활만족도가 높을 것이다'라는 가설을 검증하게 된다. 그리고 다중회귀분석의 경우 주요변수들의 상대적 영향력을 평가하거나 통제변수를 추가할 때 활용되는데, 청소년의 경우 '생활만족도에 성적과 BMI(비만 관련 변수) 중 어느 것이 더 큰 영향을 미칠까?'와 같은 연구문제를 분석할 때 활용될 수 있다.

로지스틱 회귀분석은 독립변수가 연속형 변수이면서 종속변수가 범주형 변수일 때 활용하는 분석방법이다. '성적이 높을수록 대학원 진학을 결정할 가능성이 높을 것이다'와 같은 가설을 검증할 때 사용된다. 즉 성적은 연속형 변수이며 진학여부는 '진학 할 것이다 / 진학하지 않을 것이다'와 같은 범주형 변수의 특성을 갖는다.

분석방법	독립변수	종속변수	예시
독립표본 t-test	범주형(2집단)	연속형	성별 / 성적
분산분석(ANOVA)	범주형(3집단 이상)	연속형	지역 / 성적
교차분석(x^2-test)	범주형	범주형	성별 / 지역
상관관계분석	연속형	연속형	성적 / 생활만족도
단순 선형회귀분석	연속형	연속형	성적 / 생활만족도
다중 선형회귀분석	연속형	연속형	성적, BMI / 생활만족도
로지스틱회귀분석	연속형	범주형	성적 / 진학여부

2) 통계분석방법의 순서

다양한 통계분석방법들을 검색해보고, 책들을 읽어 봐도 통계분석에 대해 개별적으로는 이해가 가지만, 내 연구에는 도대체 무엇을 어떤 순서로 적용해야 하는지를 파악하지 못한 연구자들이 많을 것이라 생각한다. 설명에 앞서 이 장에서는 앞 장에서 설명한 통계분석 외의 기초적인 통계분석방법들이 포함된다. 즉 앞 장은 실제 연구의 가설을 검증하는 방법들을 중심으로 기술하였다면, 이 장은 연구가설을 검증하기에 앞서 기초적으로 다루어야 하는 통계분석방법들을 함께 나열한다. 이 모든 과정은 실제 분석방법을 설명하는 장에서 자세히 다루고 있으니, 우선 여기에서는 순서에 익숙해져야 한다. 물론 이 순서는 투고를 하는 학회지, 학교의 양식에 따라 조금은 달라질 수 있지만, 가장 보편적인 양식을 기반으로 설명하고자 하였다. 그리고 통계분석방법의 순서는 학위논문을 기준으로 설명을 하겠지만, 소논문의 경우 부분적으로 몇 개의 분석들을 생략할 뿐 그 흐름은 같다는 것 역시 명심하자.

논문에 들어가는 통계분석방법의 순서로 **첫 번째는 측정도구에 대한 분석인 요인분석과 신뢰도 분석이다.** 측정도구(혹은 척도)는 내가 측정하고자 하는 이론적 개념을 측정하기 위한 설문지를 의미한다. 물론 사전에 타당화된 척도를 사용하겠지만, 내 연구대상에게도 적합한지를 확인하기 위해 신뢰도와 타당도를 분석하는 것이다. 신뢰도는 신뢰도 분석을 통해 도출된 Cronbach's alpha 값으로 확인하며, 타당도를 확인하기 위해서는 요인분석을 실시한다.

두 번째는 연구대상의 일반적 특성(성별, 연령대, 교육수준 등)을 확인하는 빈도분석과 주요변수의 특성을 확인하는 기술통계분석이다. 빈도분석은 말 그대로 남자 몇 명(%), 여자 몇 명(%), 20대 몇 명(%), 30대 몇 명(%) 등의 빈도와 비율값을 도출하는 분석이다. 기술통계분석은 변수의 최솟값, 최댓값, 평균, 표준편차, 왜도와 첨도 등을 확인하는 분석이다.

세 번째 순서는 위에서 언급한 연구대상의 일반적 특성과 주요변수 특성과의 관련성을 확인하는 과정으로, 독립표본 t-test, 분산분석(ANOVA), x^2-test가 여기에 해당된다. 통계분석방법결정 방법에서 설명했듯이 일반적 특성 중 집단 수가 두 개인지, 세 개 이상인지, 그리고 주요변수가 연속형 변수인지 범주형 변수인지를 확인하여 해당되는 통계분석 결과를 이 챕터에 포함시킨다. 학위논문과 소논문의 차이가 여기서 가장 많이 발생하는데, 이 분석들이 실제 연구자의 주요가설과는 관련성이 낮다는 점에서 소논문에서는 생략하는 경우가 많다.

네 번째 순서는 상관관계 분석이고, 연구모형에 들어가는 주요변수들의 상관관계를 확인
하는 과정이다. 상관관계 분석은 실제 연구모형에 앞서 변수들 간 어떤 상관관계를 가지는지
탐색적으로 살펴보려는 목적을 가지며, 추가적으로 다중공선성을 확인하는 단계이기도 하다.
다중공선성의 정확한 판단은 회귀분석에서의 VIF 검정을 통해 가능하지만, 상관관계분석
에서는 0.8 혹은 0.9 이상의 높은 상관값을 가질 때 다중공선성을 '의심'해볼 수 있다.

　　다섯 번째 순서는 주요가설을 검증하는 연구모형분석이다. 즉 선형회귀분석, 로지스틱
회귀분석, 매개효과분석, 조절효과분석 등 연구자의 주요 연구모형에 대한 분석결과를 작성하는
단계이다. 선형회귀분석, 로지스틱 회귀분석은 통계분석방법 결정에서 설명한 바와 같이
종속변수의 성격(범주형 / 연속형)에 따라 결정되며, 매개효과분석, 조절효과분석은 주로
선형회귀분석을 기반으로 하기 때문에 회귀분석과 같은 맥락으로 작성을 하면 된다.

05

SPSS를 활용한 데이터
분석전처리

05. SPSS를 활용한 데이터 분석전처리

분석전처리에 앞서 SPSS의 구조는 아래 그림과 같다. 그림에서 아래에 표시된 박스 부분을 보면 '데이터 보기'가 있고 그 옆에 '변수보기'가 있다. 현재 그림의 SPSS 창은 '데이터 보기'의 상태인데 이것은 실제 조사를 진행하여 얻게 되는 응답자료가 포함된 창이다. 그림에서 한 행은 곧 한 사람의 응답값들이다. 만약 10명에게 조사를 했다면, 응답값들은 아래로 10번까지만 존재했을 것이다.

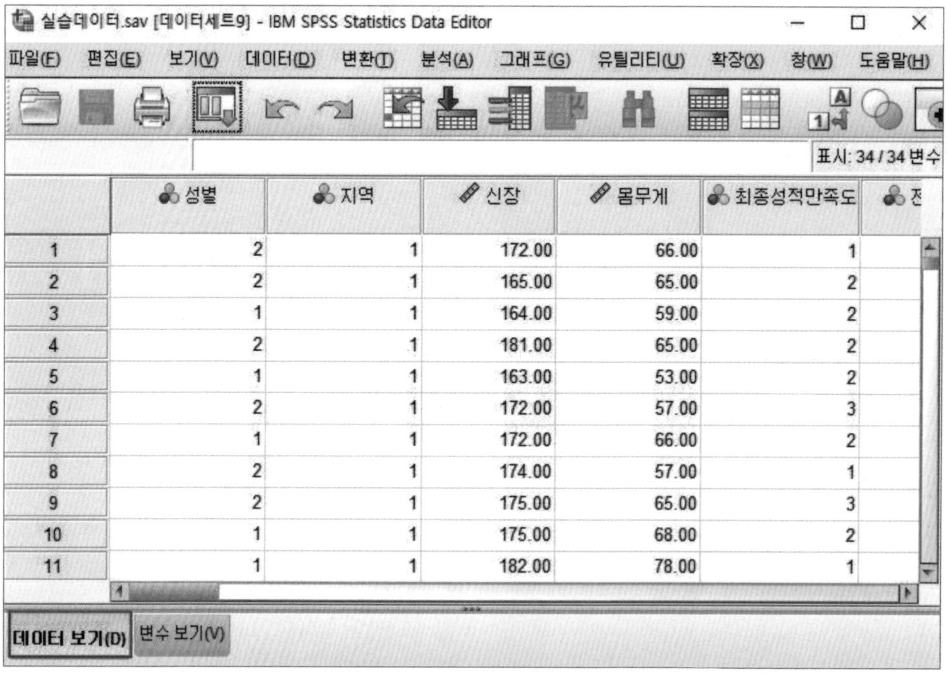

	🖧 성별	🖧 지역	🖉 신장	🖉 몸무게	🖧 최종성적만족도	🖧 전
1	2	1	172.00	66.00	1	
2	2	1	165.00	65.00	2	
3	1	1	164.00	59.00	2	
4	2	1	181.00	65.00	2	
5	1	1	163.00	53.00	2	
6	2	1	172.00	57.00	3	
7	1	1	172.00	66.00	2	
8	2	1	174.00	57.00	1	
9	2	1	175.00	65.00	3	
10	1	1	175.00	68.00	2	
11	1	1	182.00	78.00	1	

실습데이터.sav [데이터세트9] - IBM SPSS Statistics Data Editor

파일(F) 편집(E) 보기(V) 데이터(D) 변환(T) 분석(A) 그래프(G) 유틸리티(U) 확장(X) 창(W) 도움말(H)

표시: 34 / 34 변수

데이터 보기(D) 변수 보기(V)

아래 그림은 '변수보기' 창이다. 위 그림에서 나타나는 맨 위 행인 변수목록들 중 성별, 지역 등이 순서대로 나열된다. 만약 설문조사에서 10문항을 조사했다면 이 창에는 10행의 변수들 만 존재했을 것이다.

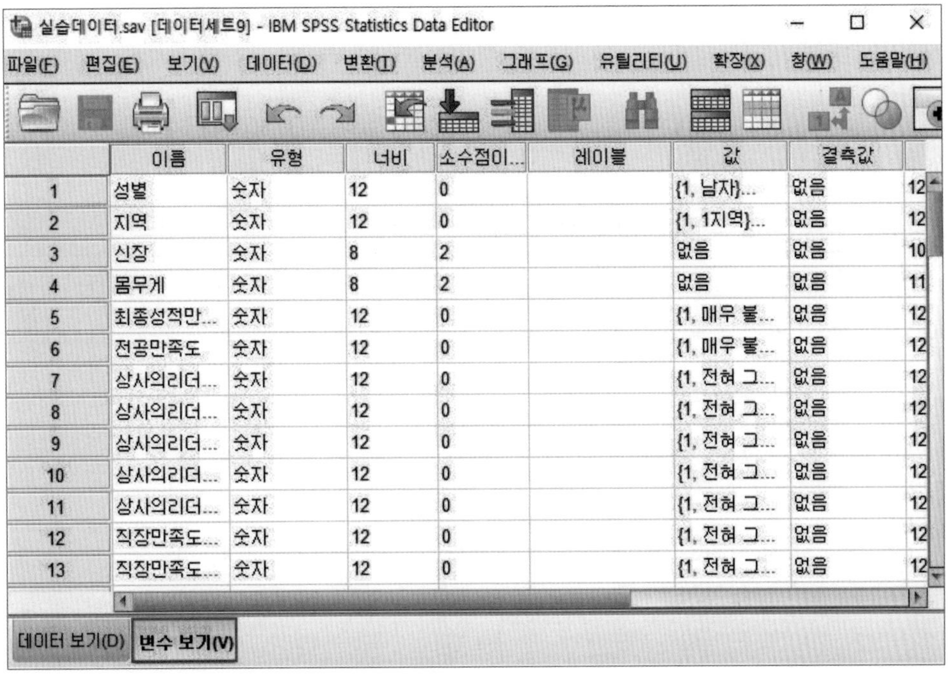

	이름	유형	너비	소수점이...	레이블	값	결측값	
1	성별	숫자	12	0		{1, 남자}...	없음	12
2	지역	숫자	12	0		{1, 1지역}...	없음	12
3	신장	숫자	8	2		없음	없음	10
4	몸무게	숫자	8	2		없음	없음	11
5	최종성적만...	숫자	12	0		{1, 매우 불...	없음	12
6	전공만족도	숫자	12	0		{1, 매우 불...	없음	12
7	상사의리더...	숫자	12	0		{1, 전혀 그...	없음	12
8	상사의리더...	숫자	12	0		{1, 전혀 그...	없음	12
9	상사의리더...	숫자	12	0		{1, 전혀 그...	없음	12
10	상사의리더...	숫자	12	0		{1, 전혀 그...	없음	12
11	상사의리더...	숫자	12	0		{1, 전혀 그...	없음	12
12	직장만족도...	숫자	12	0		{1, 전혀 그...	없음	12
13	직장만족도...	숫자	12	0		{1, 전혀 그...	없음	12

데이터 보기(D)   변수 보기(V)

그렇다면 분석전처리는 무엇일까? 분석전처리는 실제 연구가설을 검증하기에 앞서 연구 대상의 응답자료를 분석이 가능한 형태로 변환해주는 과정이다. 분석전처리에서 주로 활용하는 기능은 코딩변경과 변수계산이다. 먼저 코딩변경은 연속형 변수를 묶어 주는 작업 (신장을 '160대 미만', '160대', '170대', '180대 이상' 순으로), 역채점 문항을 역코딩 하는 작업 (척도에서 신뢰성 확보를 위해 종종 역채점 문항을 넣는 경우가 있다) 등이 대표적이다. 변수계산은 리커트 척도의 합산변수를 만들거나(이직의도에 대한 여러 개의 문항을 합산하여 각 응답자들의 이직의도 평균점수를 구하는 작업), BMI(체질량지수)와 같이 신장과 몸무게를 활용한 계산이 필요할 경우 활용되는 기능이다.

1) 같은 변수로 코딩변경

이 장에서는 분석전처리 중 코딩변경을 진행하며, 직장만족도에 존재하는 역채점문항을 역코딩해주는 작업을 해보겠다. 아래 데이터를 보면 변수명이 직장만족도1역산, 직장만족도2역산, 직장만족도4역산으로 되어 있다.

	이름	유형	너비	소수점이...	
7	상사의리더십1	숫자	12	0	
8	상사의리더십2	숫자	12	0	
9	상사의리더십3	숫자	12	0	
10	상사의리더십4	숫자	12	0	
11	상사의리더십5	숫자	12	0	
12	직장만족도1역산	숫자	12	0	
13	직장만족도2역산	숫자	12	0	
14	직장만족도3	숫자	12	0	
15	직장만족도4역산	숫자	12	0	
16	직장만족도5	숫자	12	0	

실습데이터.sav [데이터세트9] - IBM SPSS Statistics Data Editor

파일(F) 편집(E) 보기(V) 데이터(D) 변환(T) 분석(A) 그래프(G) 유틸리

변수보기 창에서 값에 오른쪽 부분을 클릭하면 점수가 높을수록 매우 그렇다는 응답인데, 현재 역채점 문항이기 때문에 점수가 높을수록 만족도가 낮게 측정되어 있는 문항이다. 이것을 1번 → 4번, 2번 → 3번, 3번 → 2번, 4번 → 1 순으로 코딩을 바꿔야 점수가 높을수록 만족하는 것으로 측정되는 것이다.

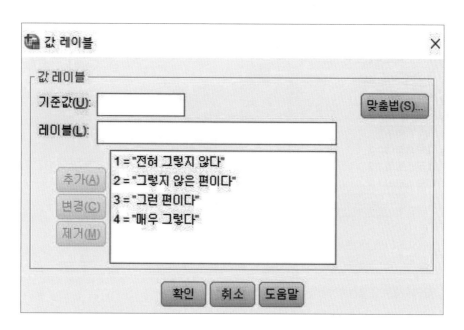

코딩변경을 위해 [변환] → [같은 변수로 코딩변경]으로 들어간다.

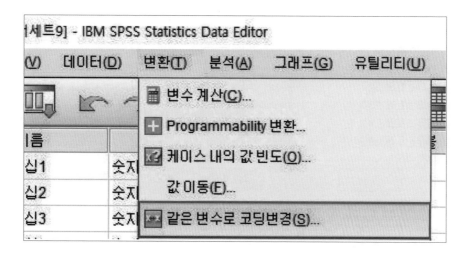

역코딩 작업을 할 직장만족도 1, 2, 4번 문항을 클릭하고 가운데 화살표 모양을 클릭한다.

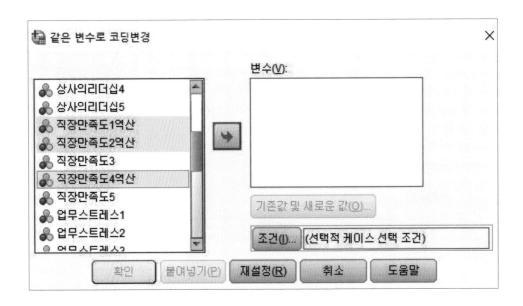

[기존값 및 새로운 값]을 클릭한다.

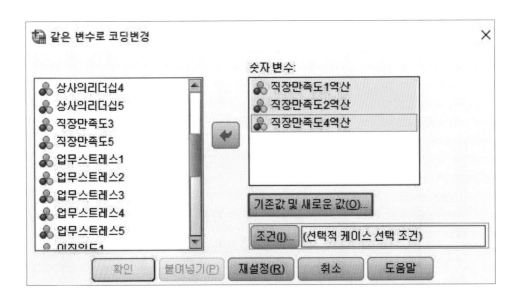

왼쪽 [기존값]은 기존에 코딩되어 있는 값을 적어주고 오른쪽 [새로운 값]에는 바꿀 값을 입력한다. 그리고 [추가]를 클릭한다.

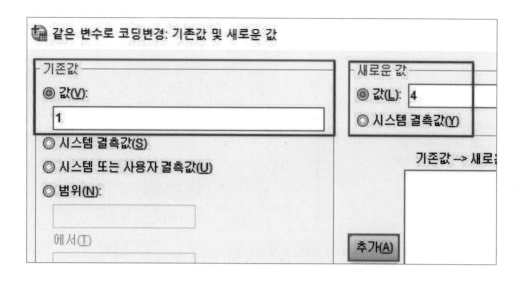

같은 방식으로 2 → 3, 3 → 2, 4 → 1 순으로 추가를 해준 뒤 [계속]을 클릭한다.

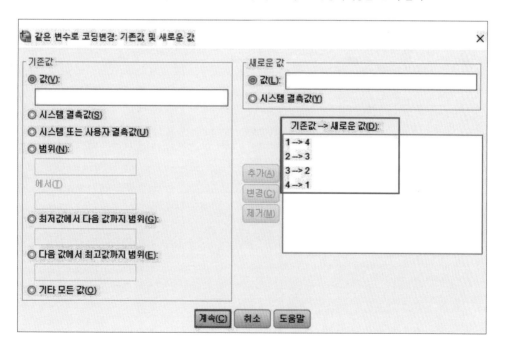

그리고 [확인]을 클릭하면 역코딩이 이루어진다.

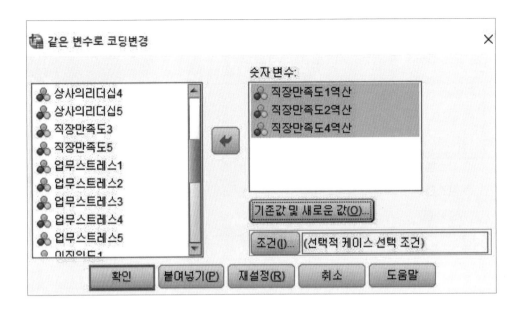

이처럼 기존 데이터 코딩된 값과 반대로 코딩된 값들을 확인할 수 있다.

직장만족도1역산	직장만족도2역산	직장만족도1역산	직장만족도2역산
1	2	4	3
1	1	4	4
3	1	2	4
2	2	3	3
1	1	4	4

2) 다른 변수로 코딩변경

다른 변수로 코딩변경은 이전 작업처럼 해당 변수 자체의 값을 바꾸는 것이 아니라, 역코딩된 값들로 새로운 변수를 생성할 때 활용되는 방법이다. 신장 변수를 서열적으로 범주화하는 작업을 해보겠다. [변환] → [다른 변수로 코딩변경]으로 들어간다.

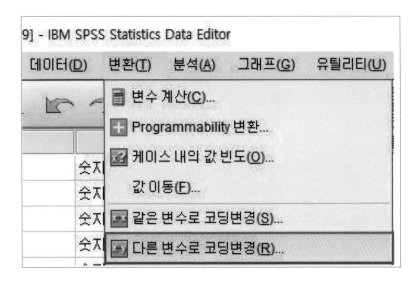

출력변수명을 '신장범주화'로 입력한 후 [변경]을 클릭한다. 그리고 [기존값 및 새로운 값]을 클릭한다.

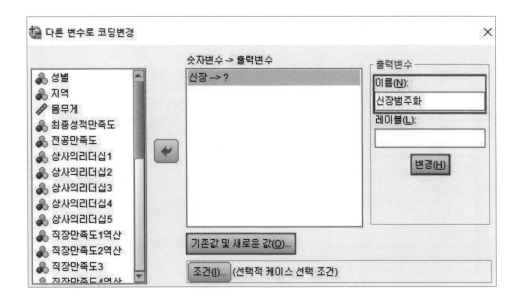

[기존값]에서 [최저값에서 다음 값까지 범위]를 체크하고 159까지를 입력한 뒤 [새로운 값]에 1을 입력하고 [추가]를 클릭한다. 이것은 가장 작은 값부터 160 미만 까지의 응답을 1로 변경하는 작업이다.

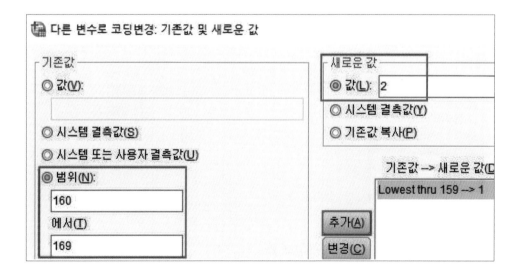

그리고 [범위] 기능을 활용하여 160~169를 2로 변경하는 작업을 진행한다.

같은 방법으로 180~189까지 추가한 후, [다음 값에서 최고값까지 범위]에 190을 5로 변경하는 작업까지 추가한다. 그리고 [계속]을 클릭한 후 [확인]을 클릭한다.

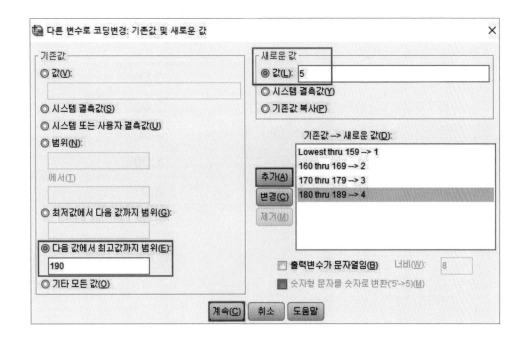

그러면 아래처럼 170cm대의 키는 3번으로, 160cm대의 키는 2번 등으로 범주화된 것을 볼 수 있다.

🖊 신장	♣ 신장범주화
172.00	3.00
165.00	2.00
164.00	2.00
181.00	4.00
163.00	2.00
172.00	3.00

3) 변수계산 : 합산

앞서 직장만족도의 역채점 문항을 역코딩 하였다. 따라서 이 문항들은 모두 점수가 높을수록 직장만족도가 높은 것으로 측정된다. 이제 이 점수들을 합산해야 각 응답자들의 해당 개념을 측정한 점수가 생성되며 우리는 이 변수를 가지고 통계분석을 진행하게 된다. 합산하는 방식은 대표적으로 평균과 합계가 있으며 평균은 mean, 합계는 sum이란 함수를 활용한다. 여기서는 보편적으로 활용되는 mean 함수를 활용하지만 합계 변수를 생성해야 하는 연구자는 mean 대신 sum의 함수를 활용하면 된다.

[변환] → [변수계산]을 클릭한다.

새롭게 생성할 변수명을 [목표변수]에 입력하고 mean이라는 함수와 함께 괄호 안에 직장 만족도 변수들을 넣는다. 그리고 [확인]을 클릭한다.

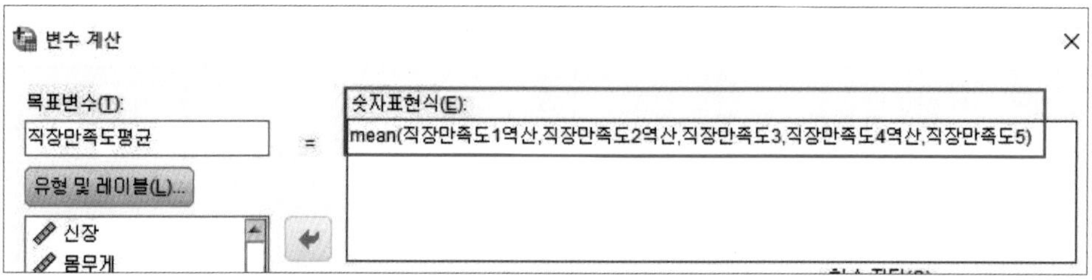

그러면 변수들 맨 아래에 새로운 변수가 생성된다.

34	건강만족도	숫자
35	지난주운동일수	숫자
36	직장만족도평균	숫자
37		

변수계산을 통해 직장만족도 평균점수가 생성되었다. 합계 점수를 내기 위해서는 sum (직장만족도1, 직장만족도2......)의 방법을 통해 새로운 변수를 생성하면 된다.

	직장만족도1역산	직장만족도2역산	직장만족도3	직장만족도4역산	직장만족도5	직장만족도평균
1	4	3	4	4	4	3.80
2	4	4	3	4	3	3.60
3	2	4	3	3	1	2.60
4	3	3	3	3	4	3.20
5	4	4	4	4	4	4.00

4) 변수계산 : 일반 계산

앞서 진행한 내용을 기초하여 [몸무게 / 신장 ** 2) * 10,000]의 계산을 실시하였다.

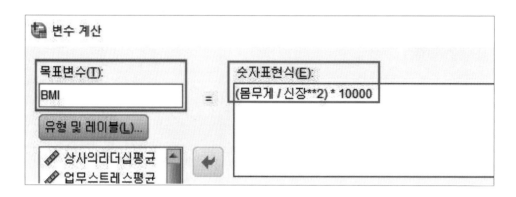

몸무게와 신장을 활용한 BMI 변수가 생성되었다.

29	이직의도2	숫자
30	이직의도3	숫자
31	이직의도4	숫자
32	이직의도5	숫자
33	건강만족도	숫자
34	지난주운동일수	숫자
35	BMI	숫자

06

척도의 타당도와 신뢰도

1) 탐색적 요인분석

　척도의 타당성을 확인하기 위해 탐색적 요인분석을 실시한다. 선행연구에 의해 타당화된 척도를 활용하는 경우가 많지만, 내 대상자에게 적용했을 시에도 내가 쓴 척도가 타당성이 확보되는지를 확인하기 위해서 분석한다.[2] 탐색적 요인분석은 순서상 가장 앞에 와야 하는 분석이다. 문항삭제를 해야 하는 상황이 빈번히 일어나기 때문에 이 분석을 마쳐야 다음 step으로 주요변수에 대한 신뢰도 분석이나 기술통계분석 등 이후 분석을 진행할 수 있기 때문이다.

　탐색적 요인분석을 실시하는 방식은 다양하다.

① 연구자가 사용하는 모든 변수들의 하위문항을 한 번에 넣고 해당 변수들로 묶이는지를 확인하는 방식
② 몇 개의 하위요인이 존재하는 하나의 변수만을 넣고 분석하는 방식
③ 하위요인이 없는 단일요인일 경우 그 변수의 하위문항들만 넣고 분석을 하는 방식

　여기에서는 업무스트레스와 이직의도를 함께 분석한다. 이것은 서로 다른 변수이며, 연구자가 사용하는 모든 변수들의 하위문항을 넣고 분석하는 ①번 방식을 보여주기 위함이다. ②번처럼 하나의 변수에 하위요인이 있는 경우에는 이러한 방식으로 그 하위요인들의 하위문항들을 모두 투입하여 분석하면 된다.

---

2) 척도의 타당성을 확인하는 방법으로는 탐색적 요인분석 외에도 구조방정식을 활용한 확인적 요인분석이 존재한다. 선행연구에서 이미 타당화가 이루어진 척도를 사용할 경우 확인적 요인분석을, 척도를 개발하거나 하위요인을 재구성해야 하는 경우에는 탐색적 요인분석을 선택한다. 즉 변수 간 인과관계를 확인하는 일반적인 사회과학 연구에서는 주로 타당화되어 있는 척도를 사용하기 때문에 확인적 요인분석을 하는 것이 적합하지만, SPSS로 최종모형을 분석하는 논문에서는 여전히 탐색적 요인분석으로 타당성을 확인하는 것이 일반적이다.

먼저 [분석] → [차원 축소] → [요인분석] 순으로 들어간다.

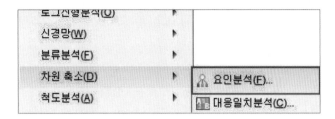

분석할 두 개의 변수, 업무스트레스와 이직의도의 하위문항들을 오른쪽으로 옮긴 후 [기술통계]를 클릭한다.

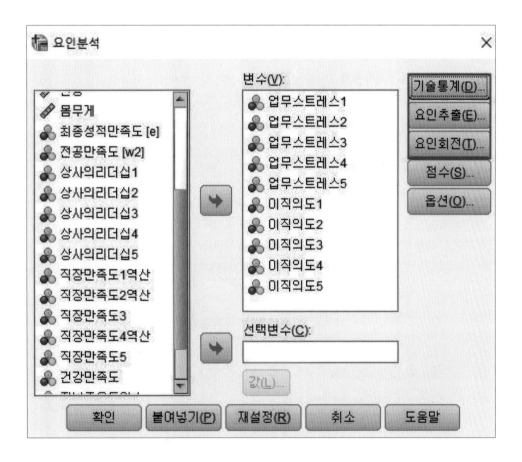

[KMO와 Bartlett의 구형성 검정]을 체크한 후 [계속]을 클릭한다. KMO는 변수들 간 상관성 및 문항 수, 응답자 수 등의 적절성을 확인하는 과정이며, 보편적으로 0.6 이상의 값일 때 적합한 것으로 판단한다. 그리고 Bartlett 검정은 x^2의 유의수준이 .05보다 낮을 때 적합하다고 판단한다.

다음으로 [요인추출]을 클릭하고, 방법은 [주성분] 선택, [고정된 요인 수]를 2로 설정한 후 [계속]을 클릭한다. 요인추출 수를 [고유값 기준]의 1로 설정해야 한다는 기준도 있으나, 개인이 직접 조사를 실시했을 때 문항 수, 응답자 수 등 다양한 한계가 존재하기 때문에 예상대로 요인 수가 추출되는 경우가 많지 않다. 따라서 요인추출 수를 내가 투입한 변수(혹은 하위요인)의 개수대로 설정하는 것이 좀 더 좋은 결과를 도출할 수 있는 전략이 된다. 설정을 마쳤으면 [계속]을 클릭하고 [요인회전]을 클릭한다.

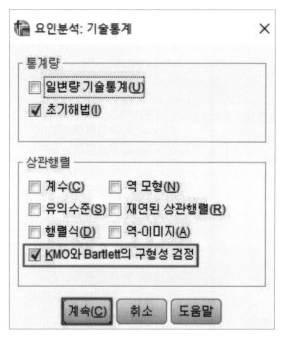

[요인회전]을 클릭하고 [베리멕스]를 체크한 후 [계속] → [확인]을 클릭한다.

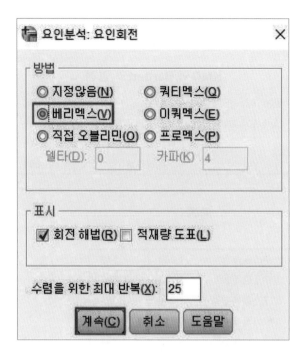

확인을 누르면 [출력결과]라는 창이 뜨며 그 안에 탐색적 요인분석 결과가 나타난다.
[출력결과] 창은 연구자가 진행한 모든 작업들의 결과가 나타나는 창이므로, 결과를 확인
한 뒤 최소화를 시켜 놓고 다음 작업을 실시하면 된다.

KMO와 Bartlett의 검정을 보면 위에서 제시한 기준 KMO>.6, x^2의 유의수준이 .05 보다 낮게 나타났기 때문에 요인분석을 실시하기에 적합한 상황임을 알 수 있다. 아래에 있는 공통성은 기준이 다양하지만 보편적으로 .4보다 높을 때 적합하다고 판단한다.

KMO와 Bartlett의 검정

표본 적절성의 Kaiser-Meyer-Olkin 측도.		.895
Bartlett의 구형성 검정	근사 카이제곱	5024.838
	자유도	45
	유의확률	.000

공동성

	초기	추출
업무스트레스1	1.000	.545
업무스트레스2	1.000	.687
업무스트레스3	1.000	.564
업무스트레스4	1.000	.630
업무스트레스5	1.000	.484
이직의도1	1.000	.606
이직의도2	1.000	.726
이직의도3	1.000	.600
이직의도4	1.000	.710
이직의도5	1.000	.634

추출 방법: 주성분 분석.

바로 아래 나타나게 되는 설명된 총분산 표에서 활용하는 수치는 박스에 표시된 전체, %분산, 누적%이다. 여기에서는 전체라고 되어있는(3.322, 2.863) 자리의 숫자가 1 이상일 때, 그리고 누적 %가 엄격한 기준으로는 60, 보편적 기준으로는 50을 넘을 때 적합하다고 판단한다. [3]

설명된 총분산

추출 제곱합 적재량			회전 제곱합 적재량		
전체	% 분산	누적 %	전체	% 분산	누적 %
4.682	46.823	46.823	3.322	33.218	33.218
1.502	15.022	61.845	2.863	28.628	61.845

---

3) Hair, J.F JR., Anderson, R.E., Tatham, R.L., & Black, W.C. (1995). Multivariate data analysis(5th edition). Upper Saddle River, NJ: Prentice Hall.

성분행렬과 회전된 성분행렬이 나온다. 변수가 두 개 이상이어서 변수 개수대로 구분이 되어야 한다면 회전된 성분행렬을 확인하고, 단일요인 변수를 투입하여 한 요인으로 수렴되어야 한다면 성분행렬을 확인하면 된다(회전을 하지 않기 때문에 회전된 성분행렬이 나타나지 않는다).

회전된 성분행렬에서의 수치는 요인부하량을 의미하며(단일요인일 경우 성분행렬의 값이 요인부하량이 된다), 요인부하량은 보편적으로 0.4 이상일 때 통계적으로 의미가 있는 설명력을 지녔다고 판단한다. 0.4 이상인 값들이 업무스트레스의 경우 모두 '2' 열에 포함되어 있고, 이직의도의 경우는 모두 '1'열에 포함되어 있다.[4] 즉, 요인부하량을 기준으로 봤을 때 업무스트레스, 이직의도의 하위문항들은 모두 각각의 변수대로 한 데 수렴되는 것으로 나타났다.[5]

회전된 성분행렬[a]

	성분	
	1	2
업무스트레스1	.359	.645
업무스트레스2	.162	.813
업무스트레스3	.303	.687
업무스트레스4	.064	.791
업무스트레스5	.208	.664
이직의도1	.723	.287
이직의도2	.842	.127
이직의도3	.722	.279
이직의도4	.824	.175
이직의도5	.771	.200

추출 방법: 주성분 분석.
회전 방법: 카이저 정규화가 있는 베리멕스.

---

4) 1열과 2열에 있는 값 둘 다 0.4를 넘는 경우가 존재한다. 이러한 경우를 교차부하라고 하는데, 이때 이 문항을 아예 제거하는 경우도 있지만, 이론적으로 중요한 문항일 경우 연구자의 판단 하에 더 큰 값이 나타나는 쪽에 그 문항을 포함시킨다.

5) 요인부하량과 더불어 공통성 값들 역시 0.4의 기준을 적용하여 둘 다 그 기준을 충족할 때 타당성이 있다고 판단하는 경우도 있으나, 공통성 값을 제시하지 않는 논문들이 많기 때문에 덜 엄격한 기준으로 요인을 결정하는 것이 전략이 될 수 있다.

이러한 결과들 중 논문에는 KMO값(필수), Bartlett의 유의수준(필수), 공통성의 추출값(선택), 설명된 총 분산 결과에서의 전체, %분산, 누적% 값(필수), 요인부하량(필수) 등을 기재한다. [6]

직각회전 방식인 베리멕스의 회전방법이 논문들에서 보편적으로 사용된다는 점에서 탐색적 요인분석의 대표적 방법으로 다루기는 했지만, 사각회전 방식의 [직접 오블리민] 역시 많이 사용되는 방법이다. 두 방식의 차이는 구분되는 요인끼리의 상관성 여부이다. 직각회전은 요인 간 상관이 없다는 가정 하에 이루어지며, 요인 간 상관이 있을 경우 사각 회전을 실시한다. 업무스트레스와 이직의도는 상관이 없음을 가정하는 독립적인 척도이기 때문에 직각회전 방식이 유효하지만, 한 변수의 하위요인끼리의 구분을 확인할 때는 사각 회전인 직접 오블리민 회전을 설정하는 것이 정확하다. 이때는 요인추출 옵션에서 [주성분 분석] 대신 [최대우도]를, [요인회전]에서 [베리멕스] 대신 [직접 오블리민]을 선택하여 분석하면 된다.

tip

이번 분석에서는 요인부하량이 낮거나 기타 기준을 충족하지 못해 제외되는 문항이 없었으나, 탐색적 요인분석에서는 문항을 제거해야 하는 상황이 빈번히 발생한다. 많은 연구자들이 문항을 제거하는 것에 부담을 가지지만, 요인분석은 내 연구대상에게도 이 척도가 타당한지를 살펴보는 과정이므로, 오히려 제거하는 것이 더 옳다. 제거해야 하는 상황에서 논문에는 '타당성을 저해하는 문항을 제거한 후 최종적으로 ~개의 문항에 대해 요인분석을 실시하였'라고 설명하면 된다. 그럼에도 불구하고 문항제거를 최대한 줄이려면, 위에서 설명한 바와 같이, 각각의 변수들을 개별적으로 분석하는 방식, 전체 변수들을 묶어서 분석하는 방식, 독립변수끼리, 매개변수끼리, 종속변수끼리 구분하여 분석을 하는 방식 등 여러 방향으로 분석을 해보고 최선의 방식을 결정하는 것도 전략이 될 수 있다.

---

[6] '필수'는 반드시 논문에 들어가야 하는 값이고, '선택'은 말 그대로 연구자의 선택에 따라 논문에 기재된다. 그러나 여기에서 언급한 필수와 선택 역시 절대적인 기준은 아니며 보편적인 논문경향을 따르고 있다.

2) 신뢰도 분석

신뢰도 분석은 한 변수의 하위문항들의 Cronbach's alpha 값을 도출하여 그 값이 0.6 이상일 때 신뢰도가 양호한 것으로 판단한다. [분석] → [척도분석] → [신뢰도 분석]을 들어간다.

타당성을 확보한 업무스트레스의 하위문항들을 오른쪽으로 옮긴 후 [통계량]을 클릭한다.

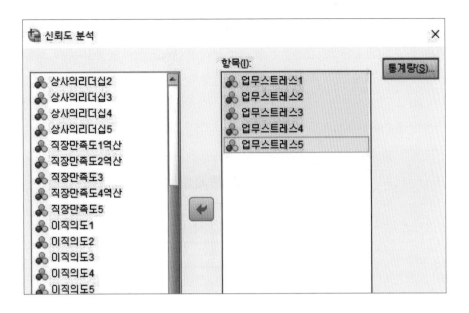

[통계량] 옵션에서 [항목제거시 척도]를 체크한 후 [계속] → [확인]을 클릭한다.

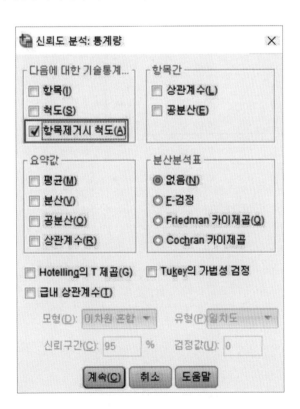

먼저 위에 있는 Cronbach의 알파값(.807)을 보면 0.6보다 높기 때문에 신뢰도가 양호함을 확인하였다. 만약 이 신뢰도가 기준을 충족하지 못한다면 '전체 상관계수', '항목이 삭제된 경우 Cronbach 알파'에 나타난 값을 통해 문항을 조정할 수 있다. 만약 '항목이 삭제된 경우 Cronbach 알파' 값 중 실제 위에 나타난 Cronbach의 알파값(.807)보다 큰 값이 있다면 그 문항을 제거하고 재분석을 하는 방식이 있고, 여러 문항을 제거해야 하는 상황이라면, '전체 상관계수'가 .3보다 낮은 문항들을 제거하는 방식도 있다. 논문에 기재해야 하는 값은 Cronbach의 알파값 .807(필수), 전체 상관계수(선택) 등이다.

신뢰도 동계량

Cronbach의 알파	항목 수
.807	5

항목 총계 동계량

	항목이 삭제된 경우 척도 평균	항목이 삭제된 경우 척도 분산	수정된 항목-전체 상관계수	항목이 삭제된 경우 Cronbach 알파
업무스트레스1	6.69	5.998	.578	.774
업무스트레스2	6.81	5.837	.672	.748
업무스트레스3	6.48	5.425	.610	.766
업무스트레스4	6.95	6.176	.588	.773
업무스트레스5	6.65	5.819	.538	.788

07

빈도분석과 기술통계분석

07. 빈도분석과 기술통계분석

　　빈도분석은 내 연구대상의 특성을 보여주는 분석이다. 이 결과에서는 빈도와 비율이 나타나는데, 예를 들어 연구대상 중 남자는 몇 명, 여자는 몇 명인지를 확인할 때 활용하는 분석방법이다. 논문 상 표제목은 '연구대상의 일반적 특성(인구학적 특성)'으로 들어가지만, 꼭 일반적 특성이 아니더라도 범주형 변수(명목변수, 서열변수)의 응답빈도를 확인할 때 활용되기도 한다. 기술통계분석은 내가 사용하는 연속형 변수의 특성을 확인하는 분석방법이다. 대표적으로 최솟값, 최댓값, 평균, 표준편차, 왜도, 첨도 등의 수치가 결과표에 포함된다. 최솟값과 최댓값은 말 그대로 응답자들의 점수들 중 점수가 가장 낮은 사람과 높은 사람의 값이고, 평균은 전체 응답자의 평균점수, 표준편차는 평균으로부터 퍼져있는 정도를 의미한다. 그리고 왜도(응답값 분포의 비대칭 정도)와 첨도(최빈값을 중심으로 하는 영역이 뾰족하거나 완만한 정도)를 확인하는 기준으로서 왜도는 절대값 3, 첨도는 절대값 8, 혹은 10 미만일 때 정규분포의 가정을 충족하는 것으로 판단한다. [7]

1) 빈도분석

　　[분석] → [기술통계량] → [빈도분석]을 클릭한다.

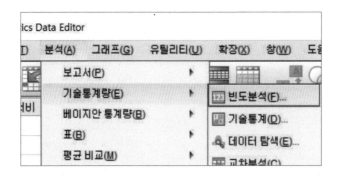

---

7) Kline, R. B. (2005). Principles and practice of structural equation modeling. Guilford publications.

성별과 지역을 오른 쪽 변수 칸에 옮긴 후 [확인]을 클릭한다. 추가로 오른쪽에 있는
[통계량] 옵션을 클릭하면, 중앙값, 사분위값 등을 별도로 확인할 수 있다.

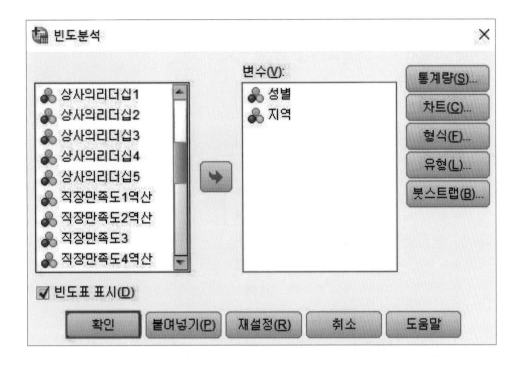

논문에는 빈도와 퍼센트를 기재한다. 만약 결측값(응답을 하지 않은 빈칸)을 가진 대상자가 있다면 유효퍼센트를 기재해야 하지만, 보편적으로 결측값을 가진 대상자에 대한 처리 후 분석이 진행되므로, 빈도와 퍼센트를 중심으로 결과를 이해하면 된다. 현재 남자는 618명(51.6%), 여자는 579명(48.4%)로 나타나 남자의 비율이 높고, 1지역 514명(42.9%), 2지역 502명(41.9%), 3지역 181명(15.1%)로 대도시 지역에 거주하는 사람의 비율이 가장 높음을 알 수 있다.

성 별

		빈도	퍼센트	유효 퍼센트	누적 퍼센트
유효	남자	618	51.6	51.6	51.6
	여자	579	48.4	48.4	100.0
	전체	1197	100.0	100.0	

지 역

		빈도	퍼센트	유효 퍼센트	누적 퍼센트
유효	1지역	514	42.9	42.9	42.9
	2지역	502	41.9	41.9	84.9
	3지역	181	15.1	15.1	100.0
	전체	1197	100.0	100.0	

2) 기술통계분석

[분석] → [기술통계량] → [기술통계]를 클릭한다. 기술통계분석을 할 연속형 변수 신장과 몸무게, 그리고 분석전처리에서 생성한 직장만족도 하위문항 다섯 개를 평균계산한 '직장만족도평균' 변수를 오른쪽 변수 칸에 옮기고 [옵션]을 클릭한다.

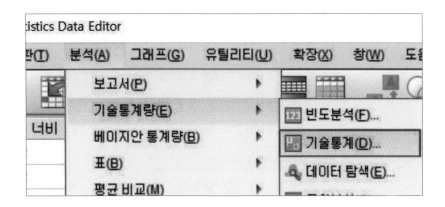

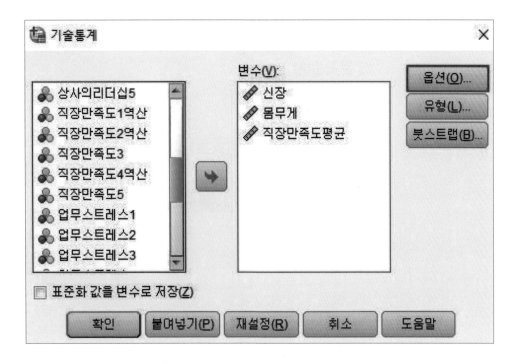

[옵션]에서 [첨도]와 [왜도]를 체크한 후 [계속] → [확인]을 클릭한다.

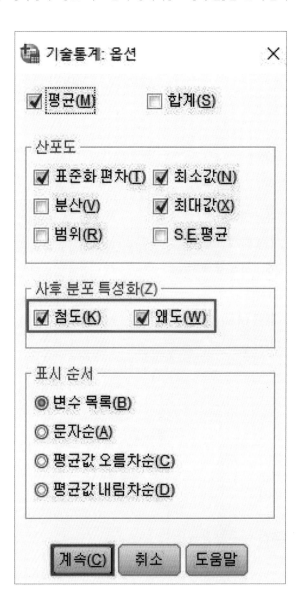

결과 중 최솟값과 최댓값(선택), 평균과 표준편차(필수), 왜도와 첨도(선택)를 논문에 기재하면 된다. 왜도와 첨도는 각각 절대값 3과 10을 넘지 않으므로 정규분포의 가정은 충족되었다고 보고하면 된다. [8]

	N 통계량	최소값 통계량	최대값 통계량	평균 통계량	표준편차 통계량
신장	1197	154.00	195.00	173.0685	6.84823
몸무게	1197	43.00	99.00	62.5873	8.99852
직장만족도평균	1197	1.00	4.00	3.1801	.52931
유효 N(목록별)	1197				

기술통계량

왜도		첨도	
통계량	표준오류	통계량	표준오류
.096	.071	-.121	.141
.666	.071	.526	.141
-.240	.071	-.384	.141

tip

기술통계 분석에서 왜도와 첨도가 기준을 충족하지 않는 경우가 있는데, 이럴때는 해당 변수에 자연로그(LN)나 루트(SQRT)를 적용하여 분석해야 한다. 소득, 자산, 매출액처럼 금액과 관련된 변수들에서 주로 이러한 문제가 나타난다.

---

8) 왜도와 첨도가 기준에 충족되지 않는다면 자연로그(LN)이나 루트(SQRT)를 씌워 분석에 활용하는 방법이 있다. 변수계산에서 LN(해당변수), 혹은 SQRT(해당변수) 식으로 변수를 생성하는 방식이고, 왜도와 첨도를 재분석 해보면 그 수치가 낮아진 것을 확인할 수 있다.

08

차이분석

08. 차이분석

   차이분석은 여러 집단의 변수 점수 차이를 확인하는 방법이며, 두 집단의 연속형 변수 차이를 확인할 때는 독립표본 t-test, 한 집단의 두 연속형 변수의 점수 차이를 확인할 때는 대응표본 t-test, 세 집단 이상의 연속형 변수 차이를 확인할 때는 일원배치분산분석(One-way ANOVA), 집단에 따른 범주형 변수 차이를 확인할 때는 교차분석(x^2-test)을 활용한다.

1) 독립표본 t-test

   독립표본 t-test를 실습하기 위해 성별에 따른 직장만족도의 점수차이를 분석하고자 한다. [분석] → [평균 비교] → [독립표본 T검정]을 클릭한다.

직장만족도평균 변수를 [검정 변수]에, 성별 변수를 [집단변수]에 옮긴 후 [집단 정의]를
클릭한다.

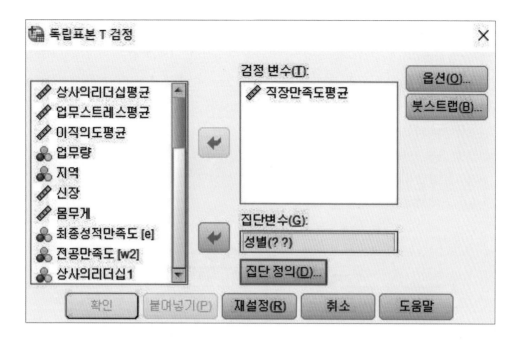

[집단 1]에 남자 응답값 1, [집단 2]에 여자 응답값 2를 적고 [계속] → [확인]을 클릭한다.

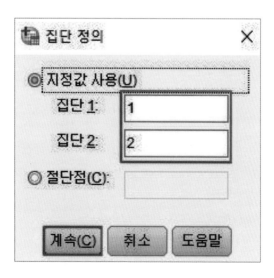

먼저 평균과 표준편차를 확인하면 남자의 직장만족도 3.1893, 여자의 직장만족도 3.1703으로 남자의 직장만족도 점수가 좀 더 높아 보인다. 그러나 이것이 통계적으로 유의한 차이인지를 확인하기 위해 t-test를 실시한 것이기 때문에 t값과 유의확률(p값)을 확인하여 그 차이를 판단해야 한다. '등분산을 가정함', '등분산을 가정하지 않음'에 해당하는 두 개의 t값과 유의확률이 나타나는데, 위에 있는 것을 보고할지, 아래에 있는 것을 보고할지는 Levene의 등분산 검정의 유의확률로 판단된다. Levene의 등분산 검정 F값의 유의확률이 .05보다 클 때는 위에 있는 t값과 유의확률을, .05보다 작을 때는 아래에 있는 t값과 유의확률을 보고하는데, 현재 등분산 검정의 유의확률이 .123으로 나타나 위에 있는 값들을 논문에 기재해야 한다. 그러나 t값의 유의확률이 .534로 유의하지 않아(p>.05) 남자와 여자의 직장만족도 점수는 차이가 없는 것으로 나타났다. 논문에는 평균과 표준편차, 유의확률을 기재해야 한다.

집단통계량

	성별	N	평균	표준화 편차	표준오차 평균
직장만족도평균	남자	618	3.1893	.51827	.02085
	여자	579	3.1703	.54113	.02249

독립표본 검정

	Levene의 등분산 검정		평균의 동일성에 대한 T 검정				
	F	유의확률	t	자유도	유의확률 (양측)	평균차이	표준오차
등분산을 가정함	2.378	.123	.621	1195	.534	.01903	.0
등분산을 가정하지 않음			.620	1181.147	.535	.01903	.0

2) 대응표본 t-test

한 집단의 두 연속형 변수의 차이를 확인하는 대응표본 t-test 실습을 위해 상사의리더십 1번과 2번 문항의 점수 차이를 확인해보겠다. 대응표본 t-test를 실시할 때는 응답의 범위가 같아야 한다. 예를 들어 150에서 190 정도의 응답 범위를 갖는 키와 40~100 정도의 응답 범위를 갖는 몸무게를 비교하면 당연히 키의 점수가 높을 것이다. 따라서 대응표본 t-test는 주로 똑같은 척도의 사전점수, 사후점수를 비교 할 때 활용되는 분석방법이다. 실습 데이터에서는 상사의리더십 1번과 2번이 똑같은 4점 리커트 척도로 응답이 되어 있기 때문에 이 변수들을 사용한다. [분석] → [평균비교] → [대응표본 T검정]을 클릭한다.

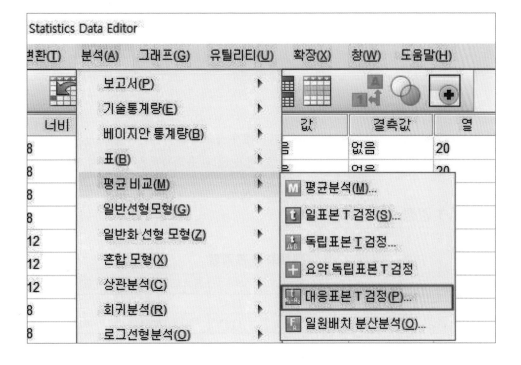

상사의리더십1, 상사의리더십2 변수를 오른쪽으로 옮긴 후 [확인]을 클릭한다.

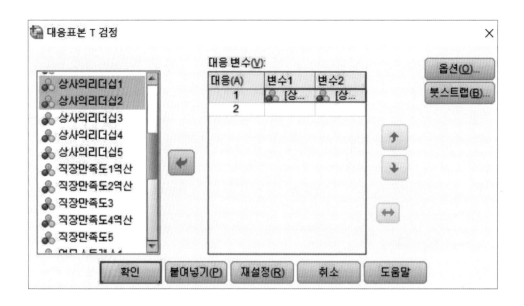

분석결과를 보면 평균점수는 상사의리더십2가 높고, t값의 유의확률이 유의한 것으로 나타났다(p<.001). 논문에는 평균과 표준화 편차, t값과 유의확률을 기재해야 한다.

T 검정

대응표본 통계량

		평균	N	표준화 편차	표준오차 평균
대응 1	상사의리더십1	3.02	1197	.777	.022
	상사의리더십2	3.11	1197	.756	.022

대응표본 검정

대응차					
	차이의 95% 신뢰구간				유의확률 (양측)
표준오차 평균	하한	상한	t	자유도	
.021	-.132	-.051	-4.445	1196	.000

만약 응답범주가 다름에도 불구하고 같은 집단의 두 변수의 평균을 비교해야 하는 경우, 표준화 점수(Z점수)를 사용하면 된다. 표준화 점수는 기술통계분석을 할 때 아래에 위치해 있는 [표준화 값을 변수로 저장]에 체크한 후 분석하면 자동으로 생성된다.

3) 일원배치분산분석(One-way ANOVA)

일원배치분산분석(One-way ANOVA) 실습을 위해 지역에 따른 건강만족도의 차이를 확인해보겠다. [분석] → [평균비교] → [일원배치분산분석]을 클릭한다.

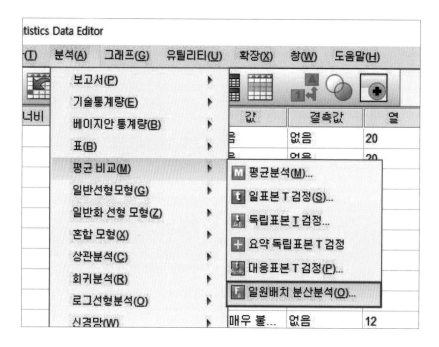

독립표본 t-test의 경우 통계치가 유의하다면 평균점수를 비교하여 어느 집단의 점수가 높았는지를 비교해주면 되지만, 세 집단 이상의 경우 A와 B, A와 C, B와 C 중 어느 집단 간 차이가 유의한 것인지 추가로 확인해야 하므로 사후분석을 실시해야 한다. [사후분석]을 클릭한다.

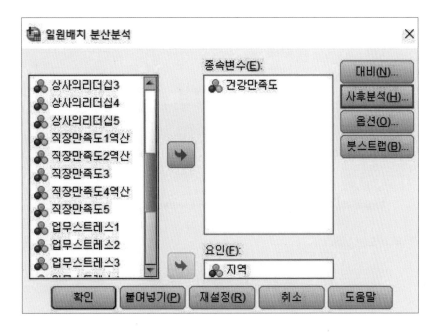

등분산을 가정일 때 Scheffe, 등분산을 가정하지 않을 때 Dunnett의 T3를 체크하고 [계속]을 누른다.

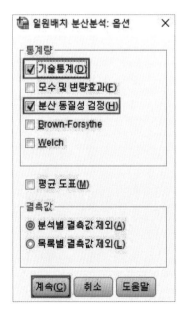

[옵션]을 클릭하고 [기술통계]와 [분산 동질성 검정]을 체크한 후 [계속] → [확인]을 클릭한다.

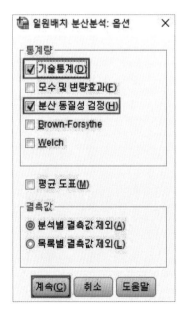

기술통계분석 표에서의 평균과 표준화 편차를 확인하면 지역 간 차이는 1지역, 3지역, 2지역 순으로 점수가 높은 것으로 나타난다. 그러나 이러한 차이가 통계적으로 유의한지는 유의확률을 통해 확인해야 한다.

기술통계					
건강만족도					평균에 대한 9!
	N	평균	표준화 편차	표준화 오류	하한
1지역	514	3.36	.586	.026	3.31
2지역	502	3.25	.550	.025	3.21
3지역	181	3.30	.614	.046	3.21
전체	1197	3.31	.577	.017	3.27

Levene의 등분산검정 결과 0.05보다 낮아 등분산을 가정하지 않는 것으로 나타난다.

분산의 동질성 검정				
	Levene 통계량	자유도1	자유도2	유의확률
평균을 기준으로 합니다.	8.838	2	1194	.000
중위수를 기준으로 합니다.	5.992	2	1194	.003
자유도를 수정한 상태에서 중위수를 기준으로 합니다.	5.992	2	1192.073	.003
절삭평균을 기준으로 합니다.	8.739	2	1194	.000

t-test와 달리 분산분석은 F값과 유의확률이 나타난다. F값의 유의확률이 .05보다 낮기 때문에 집단 간 차이가 유의한 것으로 나타났다. 앞서 언급한 것처럼 집단 간 차이가 유의하지만 1지역과 2지역, 1지역과 3지역, 2지역과 3지역의 개별적 차이는 나타나지 않으므로 사후검정 결과를 확인해야 한다. 만약 집단 간 차이가 유의하지 않았다면 사후검정결과는 보고하지 않는다.

ANOVA

건강만족도

	제곱합	자유도	평균제곱	F	유의확률
집단-간	2.706	2	1.353	4.086	.017
집단-내	395.384	1194	.331		
전체	398.090	1196			

위에서 등분산을 가정했을 때는 Scheffe, 등분산을 가정하지 않았을 때는 Dunnett T3 를 설정하였다. 현재 Levene에서 유의확률이 .05보다 낮기 때문에 등분산을 가정하지 않은 Dunnett T3의 값을 확인해야 하며 1지역과 2지역의 값만 유의한 차이가 있는 것으로 나타 났다(p<.05). 따라서 1지역의 건강만족도 점수가 2지역에 비해 유의하게 높았다는 결론을 낼 수 있다. 논문에는 평균과 표준화 편차, F값과 유의확률을 기재하고, 사후검정결과는 1지역>2지역, 혹은 a(1지역), b(2지역), c(3지역)로 임의로 설정하여 a>c라고 표시해준다.

다중비교

종속변수: 건강만족도

	(I) 지역	(J) 지역	평균차이(I-J)	표준화 오류	유의확률
Scheffe	1지역	2지역	.103*	.036	.017
		3지역	.060	.050	.488
	2지역	1지역	-.103*	.036	.017
		3지역	-.043	.050	.686
	3지역	1지역	-.060	.050	.488
		2지역	.043	.050	.686
Dunnett T3	1지역	2지역	.103*	.036	.012
		3지역	.060	.052	.588
	2지역	1지역	-.103*	.036	.012
		3지역	-.043	.052	.787
	3지역	1지역	-.060	.052	.588
		2지역	.043	.052	.787

*. 평균차이는 0.05 수준에서 유의합니다.

tip

ANOVA의 경우 집단 간 차이는 유의하게 나타났는데 사후검정에서의 개별차이는 하나도 유의하지 않을 때가 종종 있다. 물론 '집단 간 차이는 유의하였지만, 사후검 정에서는 유의한 결과값이 나타나지 않았다' 식으로 적어 주면 되지만, 이는 보통 집단 간 비율 차이가 클 때 나타나는 현상이다. 이것은 정규분포와도 관련이 있는데, 만약 60대, 70대, 80대, 90대의 연령대 변수로 ANOVA를 한다고 가정했을 때, 90대에 속한 사람의 비율이 현저히 낮다면, 80대와 90대를 합쳐서(80대 이상) 분석하는 것으로 문제를 해결할 수 있다.

4) 교차분석(x^2-test)

교차분석은(x^2-test) 범주형 변수에 따른 범주형 변수의 차이를 확인할 때 활용하는 방법으로 여기에서는 성별의 지역분포를 확인해보겠다. [분석] → [기술통계량] → [교차분석]을 클릭한다.

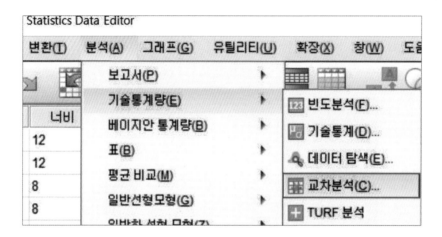

[열]과 [행]에 성별, 지역을 각각 옮긴 후 [통계량]을 클릭한다.

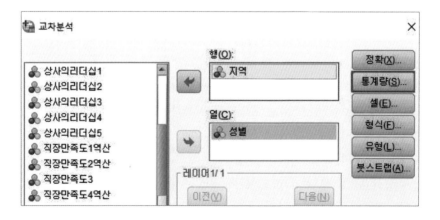

[카이제곱]을 클릭하고 [계속] → 옵션 [셀]을 클릭한다.

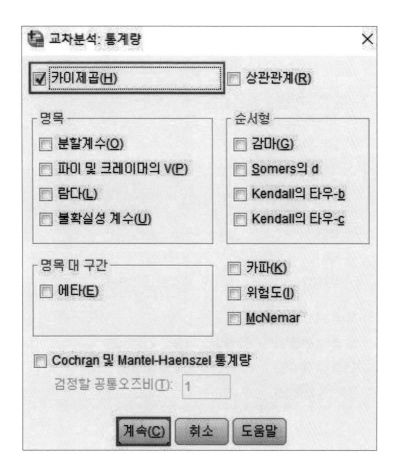

[셀] 옵션에서 [행]을 체크하고, [계속] → [확인]을 클릭한다.

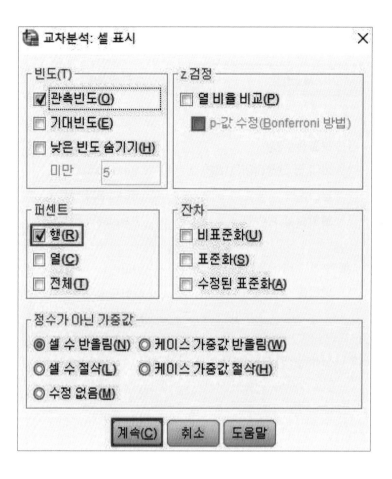

지역 * 성별 교차표와 카이제곱 검정을 확인한다. 현재 Pearson 카이제곱값의 유의확률이 .383으로 .05보다 높기 때문에 성별에 따른 지역분포 차이는 통계적으로 유의하지 않다. 즉, 어느 지역에 한쪽 성별 집단이 더 많이 분포해 있지는 않다는 것이다. 유의하다고 가정하고 교차표를 해석한다면 각 성별 집단이 어느 지역에 많이 속해 있는지를 위에서 아래로 비율(%)로 비교해야 한다. 만약 오른쪽(100%가 되는 방향)으로 비교를 하게 되면 남자여자의 비율이 반영되므로 적절한 비교가 되지 않는다. 현재 남자는 3지역에 가장 많이 분포되어 있음을 알 수 있다. 논문에는 교차표 전체, 그리고 카이제곱값 1.920과 유의확률을 기재해야 한다.

지역 * 성별 교차표

			성별 남자	성별 여자	전체
지역	1지역	빈도	262	252	514
		지역 중 %	51.0%	49.0%	100.0%
	2지역	빈도	254	248	502
		지역 중 %	50.6%	49.4%	100.0%
	3지역	빈도	102	79	181
		지역 중 %	56.4%	43.6%	100.0%
전체		빈도	618	579	1197
		지역 중 %	51.6%	48.4%	100.0%

카이제곱 검정

	값	자유도	근사 유의확률 (양측검정)
Pearson 카이제곱	1.920[a]	2	.383
우도비	1.926	2	.382
선형 대 선형결합	.945	1	.331
유효 케이스 수	1197		

a. 0 셀 (0.0%)은(는) 5보다 작은 기대 빈도를 가지는 셀입니다. 최소 기대빈도는 87.55입니다.

09
상관관계분석

09. 상관관계분석

  상관관계 분석은 연속형 변수와 연속형 변수의 상관성을 확인하는 방식이다. 회귀분석처럼 선후인과관계의 가정을 두지는 않고, 단순히 두 변수 간 상관관계를 확인한다. 실습을 위해 기존에 만들었던 직장만족도와 함께 '상사의리더십평균' 변수를 만들어 실습을 진행해보겠다. [변환] → [변수계산]으로 들어가서 '상사의리더십평균'을 목표변수로 한 평균계산을 실시한다.

[분석] → [상관분석] → [이변량 상관]을 클릭한다.

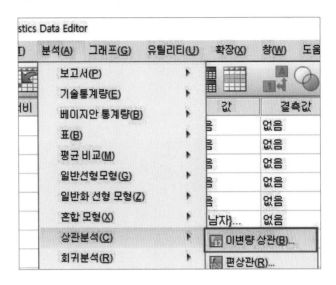

상사의리더십평균과 직장만족도평균를 [변수] 칸에 옮기고 [확인]을 클릭한다.

상사의리더십평균과 직장만족도평균이 교차되는 지점의 Pearson상관 값(.428), 아래에 있는 유의확률(.000)을 논문에 기재해야 한다. 결과를 통해 상사의리더십과 직장만족도는 정적(+)으로 유의한 상관관계가 있음을 알 수 있다. 만약 Pearson상관 값이 −.428로 나왔다면 부적(−)으로 유의한 상관관계가 있다고 해석하면 된다. 정적과 부적은 비례와 반비례로 생각하면 된다. 현재는 상사의리더십이 좋은 집단은 직장만족도도 함께 높다는 것을 의미한다. 상관관계분석은 다중공선성을 '짐작'해보는 단계이기도 한데, 다중공선성은 독립변수들끼리의 상관성이 높아 회귀분석의 오류가 발생하는 것을 의미한다. 보통 .8보다 높을 때 다중공선성을 의심하게 된다. 그러나 다중공선성은 다중회귀분석 때 VIF 검정을 통해 정확히 측정할 수 있기 때문에 상관관계값이 .8보다 높게 나타났다고 하여 변수를 제외해야 하는 것은 아니다. 논문에는 Pearson 상관계수 .428과 유의수준(별로 표시)을 제시한다. 별의 기준은 p<.05 별 한 개, p<.01 별 두 개, p<.001 별 세 개로 표시한다.

상관관계

		직장만족도평균	상사의리더십평균
직장만족도평균	Pearson 상관	1	.428**
	유의확률 (양측)		.000
	N	1197	1197
상사의리더십평균	Pearson 상관	.428**	1
	유의확률 (양측)	.000	
	N	1197	1197
**. 상관관계가 0.01 수준에서 유의합니다(양측).			

tip

SPSS에서는 최대 별 두 개까지 제시해주기 때문에 지금처럼 유의확률이 .001 보다 작을 때는 별 하나를 추가해주어야 한다.

10

회귀분석

10. 회귀분석

1) 단순선형회귀분석

　단순선형회귀분석은 독립변수를 한 개 투입한 회귀분석을 의미한다. 연속형 변수와 연속형 변수의 관계를 확인하는 분석이므로 상사의리더십이 직장만족도에 미치는 영향을 확인해보겠다. [분석] → [회귀분석] → [선형]을 클릭한다.

분석(A)	그래프(G)	유틸리티(U)	확장(X)	창(W)	도움말(H)

	값	결측값	열	
보고서(P) ▶				
기술통계량(E) ▶	음	없음	20	요
베이지안 통계량(B) ▶	음	없음	20	요
표(B) ▶	음	없음	17	요
평균 비교(M) ▶	음	없음	14	요
일반선형모형(G) ▶	음	없음	12	요
일반화 선형 모형(Z) ▶	남자}...	없음	12	요
혼합 모형(X) ▶	1지역}...	없음	12	요
상관분석(C) ▶				
회귀분석(R) ▶	자동 선형 모델링(A)...			요
로그선형분석(O) ▶	선형(L)...			요
신경망(W) ▶	곡선추정(C)...			요
분류분석(F) ▶	편최소제곱(S)...			요

상사의리더십평균을 [독립변수] 칸에, 직장만족도평균은 [종속변수] 칸에 옮긴 후 [통계량]을 클릭한다.

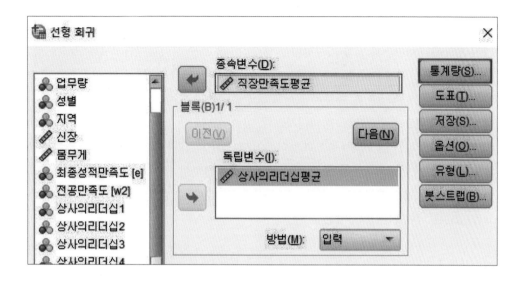

Durbin-Watson을 체크한 후 [계속] → [확인]을 클릭한다.

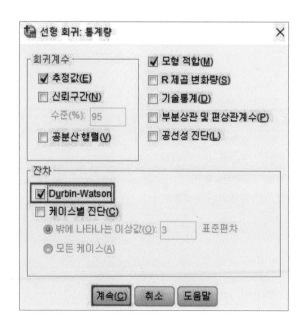

먼저 모형요약에서 수정된 R제곱은 종속변수에 대한 독립변수의 설명력으로서 변수와 표본의 크기를 고려하여 보정된 설명력 값이다. 단순회귀분석은 독립변수가 하나이기 때문에 변수의 크기를 고려한 수정된 R제곱과 그 왼쪽에 나타난 일반 R제곱의 큰 차이는 없지만 수정된 R제곱을 보고하는 경우가 많기 때문에 여기에서는 수정된 R제곱을 다룬다. 수정된 R제곱은 .182이므로 모형의 설명력은 18.2%이다. 보통 사회과학연구에서 10% 이상일 때 적합하다고 본다. Durbin—Watson값은 오차항의 독립성을 확인하는 방법으로서 2에 가까우면 서로 독립적이기 때문에 적합하다고 판단한다. 오차항이 독립적이라는 것은 관찰값이 무작위로 흩어져 있음을 의미하는데, 일반적으로 시계열 분석 같이 어떠한 경향을 따르는 관찰값들을 분석할 때 중요하게 다루어진다. 현재 1.867로 2에 가깝게 나타났기 때문에 오차항은 서로 독립적이라 볼 수 있다. ANOVA(분산분석)는 모형의 적합도를 확인하는 표이며, F값이 유의할 때 모형이 적합하다고 판단한다. 본 모형에서 F값은 유의한 것으로 나타났다(F=267.878, p<.001).

모형 요약[b]

모형	R	R 제곱	수정된 R 제곱	추정값의 표준 오차	Durbin-Watson
1	.428[a]	.183	.182	.47860	1.867

a. 예측자: (상수), 상사의리더십평균
b. 종속변수: 직장만족도평균

ANOVA[a]

모형		제곱합	자유도	평균제곱	F	유의확률
1	회귀	61.360	1	61.360	267.878	.000[b]
	잔차	273.727	1195	.229		
	전체	335.087	1196			

a. 종속변수: 직장만족도평균
b. 예측자: (상수), 상사의리더십평균

회귀분석에서 가장 중요한 표는 계수이다. 상수는 독립변수의 영향력이 가해지지 않을 때의 절편을 의미하는데, 독립변수의 영향력을 보는 것이 중요한 연구에서는 해석을 따로 하지 않거나 제시를 하지 않는 경우도 있다. 가장 중요하게 보아야 할 것은 상사의리더십평균의 베타값(β)의 부호와 유의확률(p)이다. 현재 베타값은 양수이며 유의확률이 .05보다 낮게 나타났다(β=.428, p<.001). 회귀분석 계수의 해석은 독립변수는 항상 값이 높을수록, 종속변수는 베타값의 부호에 따라 증가한다, 혹은 감소한다고 해석한다. 즉 이 결과는 상사의리더십평균 점수가 높을수록 직장만족도평균 점수는 증가한다고 해석된다. 논문에는 계수 표 전체와 수정된 R제곱, Durbin-Watson, F값과 유의확률을 기재해야 한다.

계수^a

모형		비표준화 계수		표준화 계수	t	유의확률
		B	표준화 오류	베타		
1	(상수)	2.016	.072		27.825	.000
	상사의리더십평균	.373	.023	.428	16.367	.000

a. 종속변수: 직장만족도평균

---

tip

비표준화계수 B값은 독립변수가 한 단위 증가할 때 종속변수가 해당 점수만큼 변화한다는 것을 의미한다.

2) 다중선형회귀분석

다중선형회귀분석은 독립변수가 여러 개일 때 사용하는 방법이다. 보통 통제변수를 함께 투입하거나 여러 가지 주요변수들 중 상대적 영향력을 평가하는 데 유용하다. 여기에서는 종속변수 직장만족도에 대하여 성별을 통제한 상태에서 상사의리더십, 업무스트레스의 상대적 영향력을 확인해보겠다. 통제(혹은 보정)한다는 것은 독립변수와 종속변수의 관계를 왜곡시킬 수 있는 변수를 독립변수로 함께 투입하여 그 영향력을 배제하는 것을 의미한다.[9] 먼저 [변수계산]을 통해 업무스트레스평균 변수를 만들어주어야 한다.

---

9) 예를 들어 달리기를 잘하게 되는 약의 효과를 실험한다고 가정해봤을 때, 한 집단에는 남자가 많이 속해 있고, 다른 한 집단에는 여자가 많이 속해 있다면, 그 분석결과는 아마도 약보다는 성별에 의해 더 많은 영향을 받게 될 것이다. 성별을 구분하여 분석하는 것이 가장 타당하겠지만, 그것이 불가능할 경우 통제변수로서 성별을 함께 투입하여 분석한다.

[분석] → [회귀분석] → [선형]을 클릭한다.

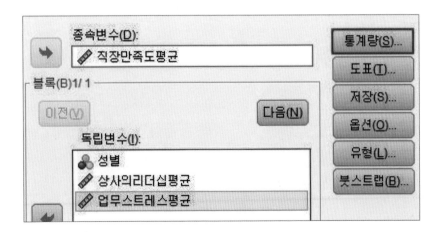

독립변수로 성별, 상사의리더십평균, 업무스트레스평균을 투입하고 [통계량]을 클릭한다.

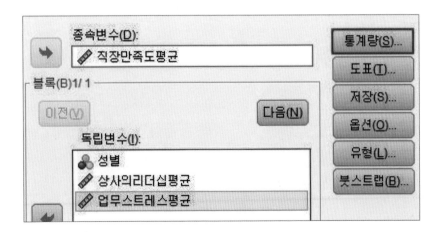

Durbin-Wantson 체크는 단순회귀분석이랑 같지만, 독립변수들 간의 다중공선성 문제를 확인하기 위해 [공선성 진단]을 체크하고 [계속] → [확인]을 클릭한다.

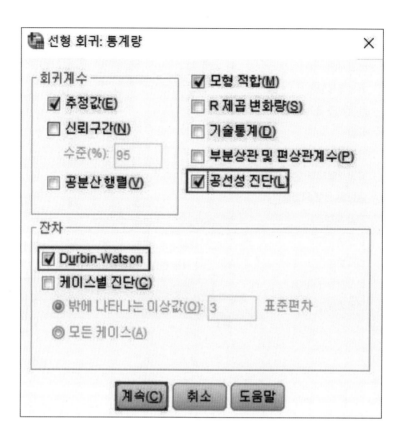

수정된 R제곱을 통해 설명력이 28.8%인 것을 확인할 수 있고, Durbin-Watson값은 2에 가까운 것으로 나타났다(1.830). 그리고 F값이 유의하여 모형이 적합하였다(F=162.018, p<.001).

모형 요약[b]

모형	R	R 제곱	수정된 R 제곱	추정값의 표준오차	Durbin-Watson
1	.538[a]	.289	.288	.44673	1.830

a. 예측자: (상수), 업무스트레스평균, 성별, 상사의리더십평균
b. 종속변수: 직장만족도평균

ANOVA[a]

모형		제곱합	자유도	평균제곱	F	유의확률
1	회귀	97.001	3	32.334	162.018	.000[b]
	잔차	238.086	1193	.200		
	전체	335.087	1196			

a. 종속변수: 직장만족도평균
b. 예측자: (상수), 업무스트레스평균, 성별, 상사의리더십평균

계수를 확인해보면, 상사의리더십평균은 정적으로 유의하였고(β=.198, p<.0010), 업무스트레스평균은 부적으로 유의하였다(β=−.399, p<.001). 상사의리더십평균이 높을수록 직장만족도평균이 증가하고, 업무스트레스가 높을수록 직장만족도는 감소한다는 것이다. 값을 통해 상대적 영향력을 비교해봤을 때, 근로자들의 직장만족도에는 업무스트레스가 더 중요하다는 것을 알 수 있다. 그리고 통제변수인 성별은 유의한 영향력을 보이지 않았다. VIF 검정결과는 1.018~1.519 사이에 있는 것으로 나타났다. VIF 값은 보통 10보다 낮으면 다중공선성문제가 없다고 판단하지만, 3 이상으로 나타나더라도 회귀분석결과에 오류가 발생하는 경우가 있다. 오류는 상관분석에서는 결과가 잘 나왔음에도 불구하고, 다중회귀분석에서는 가설과 반대로 유의하게 나타나거나 상관성이 높은 변수들이 모두 유의하지 않게 나타나는 경우 등이다. 논문에는 계수 전체와 수정된 R제곱, Durbin−Watson, F값과 유의확률을 기재한다.

계수[a]

모형		비표준화 계수 B	비표준화 계수 표준화 오류	표준화 계수 베타	t	유의확률	공선성 통계량 공차	공선성 통계량 VIF
1	(상수)	3.244	.116		27.881	.000		
	성별	-.003	.026	-.003	-.118	.906	.982	1.018
	상사의리더십평균	.173	.026	.198	6.602	.000	.659	1.518
	업무스트레스평균	-.357	.027	-.399	-13.249	.000	.658	1.519

a. 종속변수: 직장만족도평균

계수 결과표에서 성별은 여자일 경우로 해석하게 된다. 현재 남자가 1, 여자가 2로 코딩되어 있기 때문이다(독립변수는 항상 높을수록으로 해석). 일반적으로 성별과 같은 명목변수는 더 미변수 처리하여 분석한다. 더미변수는 참조범주를 0, 해석할 변수를 1로 코딩하는 것을 말하는데, 두 개의 응답값일 경우 더미변수 처리를 해도 결과값이 같게 나오기 때문에 군이 전처리를 할 필요가 없다. 하지만 세 응답범주 이상을 가진 명목변수는 더미변환을 해주어야 한다. 지역변수를 더미변환하는 과정은 다음과 같다. [변환] → [더미변수 작성]을 클릭한다.

[다음에 대한 더미변수 작성]에 지역 변수를 옮기고 루트 이름을 지역더미변수로 작성 후 [확인]을 클릭한다.

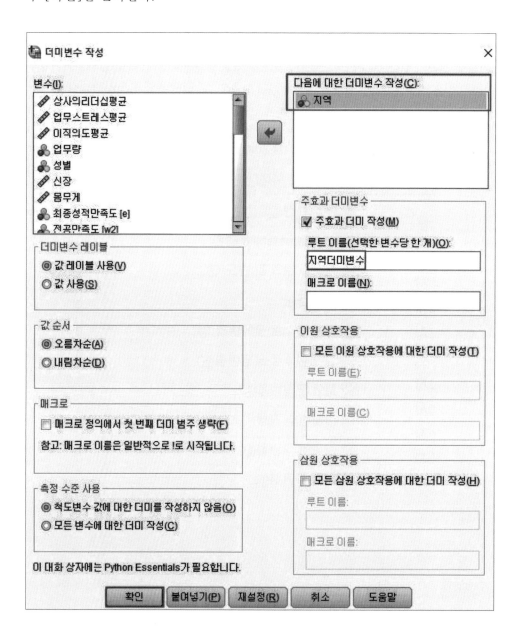

그러면 지역더미변수 세 개가 만들어진다. 1지역, 2지역, 3지역 중 참조범주를 할 변수를 제외한 나머지 변수 두 개를 투입하게 되면 된다. 참조범주를 1지역으로 정하여 2지역과 3지역 (지역더미변수_2, 지역더미변수_3)만 회귀분석에 투입했다면, '1지역에 비해 2지역은', '1지역에 비해 3지역은' 으로 해석해주면 된다.

38	지역더미변수_1	숫자	8	2	지역=1지역
39	지역더미변수_2	숫자	8	2	지역=2지역
40	지역더미변수_3	숫자	8	2	지역=3지역
41					
42					

3) 로지스틱 회귀분석

로지스틱 회귀분석은 종속변수가 명목변수일 때 활용하는 회귀분석방법이다. 이분형 명목변수를 생성하기 위해 직장만족도평균 변수의 평균을 확인하고 그 평균을 기준으로 고집단, 저집단을 구분해보겠다. 먼저 기술통계분석을 통해 직장만족도의 평균점수를 확인한 결과 평균점수는 3.1801로 나타났다.

기술통계량

	N	최소값	최대값	평균	표준편차
직장만족도평균	1197	1.00	4.00	3.1801	.52931
유효 N(목록별)	1197				

[다른 변수로 코딩변경]에 들어가서 직장만족도구분이라는 새로운 변수를 생성한다.

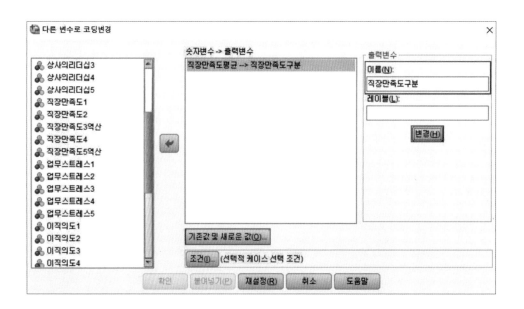

[최저값부터 다음 값까지 범위], [기타 모든 값] 기능을 활용하여 3.1801을 기준으로 한 변수를 만들어준다. 고집단에 속할 가능성을 볼 것이기 때문에 저집단을 0으로, 고집단을 1로 코딩하였다.

[분석] → [회귀분석] → [이분형 로지스틱]을 클릭한다.

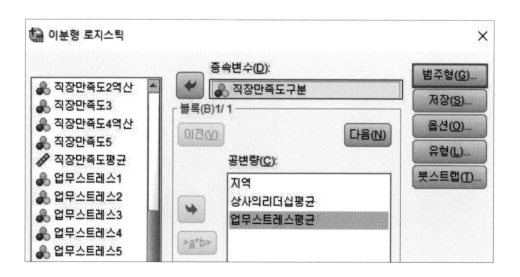

상사의리더십평균과 업무스트레스평균, 그리고 통제변수로서 지역을 넣었다. 지역은
세 응답범주 이상(1지역, 2지역, 3지역)으로 되어있기 때문에 사전에 더미변환을 해주어야
하지만, 로지스틱 회귀분석의 경우 [범주형]이라는 기능을 통해 더미처리된 분석결과를
확인할 수 있다.

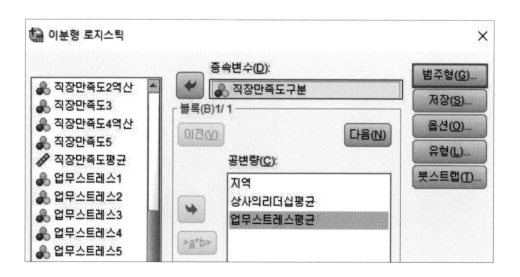

지역을 [범주형 공변량]에 옮기고, 참조범주를 [처음]으로 체크하고 [변경]을 클릭한다. 그리고 [계속] → [옵션]을 클릭한다. 처음으로 선택하는 것은 가장 낮은 값(1지역)을 참조범주로 한다는 설정이다.

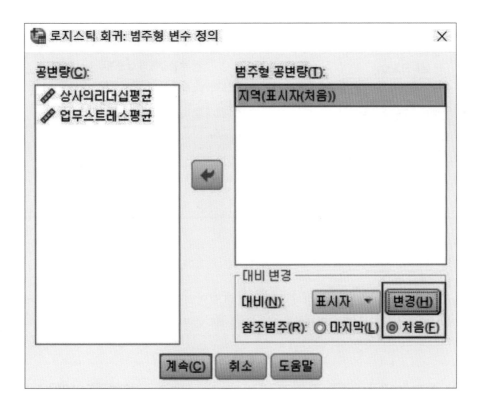

옵션에서는 [Hosmer−Lemeshow]와 [exp(B)에 대한 신뢰구간]을 체크하고 [계속] →
[확인]을 클릭한다.

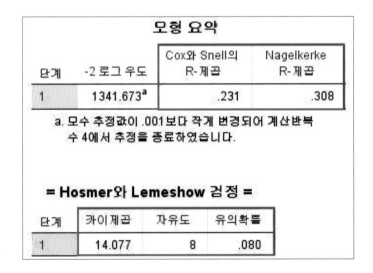

Cox와 Snell, Nagelkerke의 R제곱 값을 통해 설명력을 확인한다. Hosmer와 Lemeshow
검정에서 카이제곱의 유의확률이 .05보다 '클 때' 모형이 적합한 것으로 판단한다.

모형 요약

단계	-2 로그 우도	Cox와 Snell의 R-제곱	Nagelkerke R-제곱
1	1341.673ª	.231	.308

a. 모수 추정값이 .001보다 작게 변경되어 계산반복
수 4에서 추정을 종료하였습니다.

= Hosmer와 Lemeshow 검정 =

단계	카이제곱	자유도	유의확률
1	14.077	8	.080

방정식의 변수는 선형회귀분석에서의 계수 결과표에 해당하는 표이다. 선형회귀분석의 경우 베타값(β)으로 해석을 하지만, 로지스틱 회귀분석은 Exp(B) 값과 유의확률(혹은 신뢰구간)로 해석을 한다. 신뢰구간은 하한값과 상한값 사이에 1이 포함되지 않을 때 유의한 것으로 간주한다. Exp(B)는 보통 Odds Ratio(OR : 승산비)라고 표현하며, OR값은 1보다 높을 때 종속변수가 높은 값에 속할 가능성이 '높다', 1보다 낮을 때 종속변수가 높은 값에 속할 가능성이 '낮다'고 해석한다. 먼저 지역은 1지역이 참조범주이기 때문에 지역(1)은 2지역, 지역(2)는 3지역이 된다. 지역 결과값이 유의하지 않지만(p>.05) 유의하다는 가정하에 결과를 살펴보면, 1지역에 비해 2지역은 직장만족도 고집단에 속할 가능성이 1.261배 높고, 1지역에 비해 3지역은 직장만족도 고집단에 속할 가능성이 .860배 낮게 나타났다. 그리고 상사의리더십평균의 점수가 한 단위 증가할수록 직장만족도 고집단에 속할 가능성은 2.337배 높고(p<.001), 업무스트레스평균 점수가 한 단위 증가할수록 직장만족도 고집단에 속할 가능성은 .227배 낮다(p<.001)고 해석하면 된다. 로지스틱 회귀분석의 경우 '방정식의 변수' 결과표 모든 값들을 논문에 적어도 되지만, 일반적으로는 유의확률(선택), Exp(OR), 신뢰구간(하한, 상한) 등을 적는다(필수). 그리고 모형의 적합성 측면에서 Hosmer와 Lemeshow 결과값(카이제곱, 유의확률), R제곱 등을 기재한다(선택).

방정식의 변수

	B	S.E.	Wald	자유도	유의확률	Exp(B)	EXP(B)에 대한 95% 신뢰구간	
							하한	상한
지역			4.600	2	.100			
지역(1)	.232	.145	2.563	1	.109	1.261	.949	1.675
지역(2)	-.151	.198	.583	1	.445	.860	.584	1.267
상사의리더십평균	.849	.136	38.890	1	.000	2.337	1.790	3.051
업무스트레스평균	-1.484	.152	95.791	1	.000	.227	.169	.305
상수항	-.145	.582	.062	1	.803	.865		

11

SPSS PROCESS macro를
활용한 연구모형의 확장

11. SPSS PROCESS macro를 활용한 연구모형의 확장

1) 프로그램 설치

엑셀 매크로는 문서작업을 하는 데 있어 여러 번의 단순반복작업이 필요할 때, 그 작업을 하나의 명령어로 효율적으로 수행할 수 있게끔 만들어주는 기능을 의미한다. SPSS PRO-CESS macro(이하 매크로) 역시 회귀분석의 확장모형을 분석할 때 여러 번 반복적으로 분석해야 하는 과정을 하나의 모델링으로 가능하게끔 만들어주는 기능이라고 이해하면 된다. 매크로는 Hayes에 의해 보편화되었으며[10] 최근 들어 한국에서도 매크로를 활용한 논문들이 급증하고 있다. 매크로는 회귀분석을 기반으로 한다. SPSS 회귀분석을 활용한 매개효과분석보다 구조방정식 경로분석을 활용한 매개효과분석이 더 인정받는 이유 중 하나는 매개효과의 유의성 판단을 Sobel-test(SPSS 회귀분석)로 하느냐, Bootstrapping-test(구조방정식)로 하느냐의 차이였는데, 매크로의 경우 모든 모형에 Bootstrapping-test가 적용된다는 장점을 갖는다.[11]

매크로를 활용하기 위해서는 먼저 프로그램을 설치해야 한다. Google에서 'Process macro'를 검색하고 맨 위에 나타나는 사이트에 접속한다.

---

10) Hayes, A. F. (2012). PROCESS : A versatile computational tool for observed variable mediation, moderation, and conditional process modeling.
11) Bootstrapping-test는 표본에 대하여 반복적인 복원추출법을 활용하여 해당 경로의 유의성을 보다 정확하게 확인하는 방식이다.

왼쪽 윗부분에 있는 메뉴를 클릭한다.

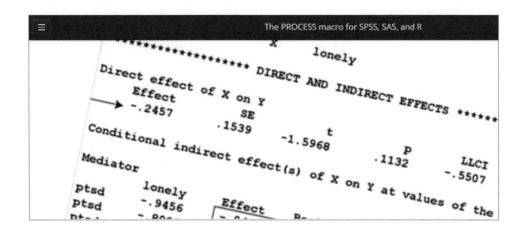

Download를 클릭한다.

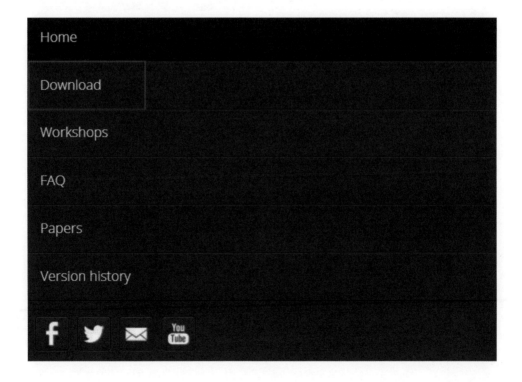

[Download PROCESS v3.5.3]을 클릭하면 다운로드 가능하다.

SPSS 프로그램을 실행한다. SPSS 프로그램은 그냥 실행하는 것이 아니라 반드시 프로그램 아이콘에 오른쪽 클릭을 해서 [관리자 권한으로 실행] 해야 한다. 실행 후 [확장] → [유틸리티] → [사용자 정의 대화 상자 설치(호환모드)]를 클릭한다(SPSS 프로그램 버전이 25.0이 아닐 경우 확장 왼쪽에 있는 유틸리티로 들어가야 한다).

[PROCESS v3.5 for SPSS]로 들어간다.

[Custom dialog builder file] 폴더로 들어가서 'process.spd'를 클릭한 후 [열기]를 클릭한다.

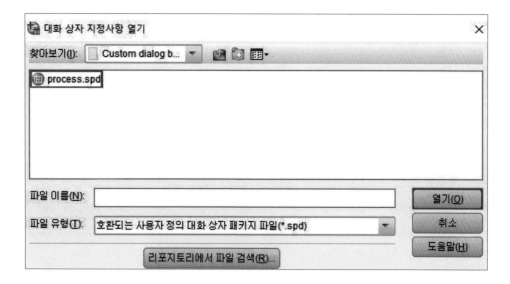

설치가 완료되었다.

[분석] → [회귀분석]에 들어가 보면, PROCESS v3.5가 설치되어 있는 것을 확인할 수 있다.

혼합 모형(X)	▶				
상관분석(C)	▶				
회귀분석(R)	▶	▨ 자동 선형 모델링(A)...			
로그선형분석(O)	▶	▣ 선형(L)...			
신경망(W)	▶	◪ 곡선추정(C)...			
분류분석(F)	▶	▣ 편최소제곱(S)...			
차원 축소(D)	▶	PROCESS v3.5 by Andrew F. Hayes			
척도분석(A)	▶				

2) 매크로에서 활용 가능한 연구모형

Google에서 'process macro templates pdf'를 검색하면 다양한 정보가 나온다.

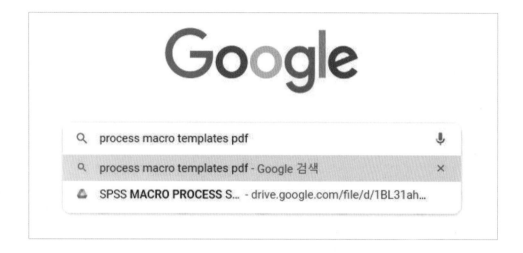

Hayes에 의해 공식적으로 공개된 매크로 모형 templates를 확인하면[12] 그림처럼 연구모형과 실질적인 통계분석모형이 함께 제시된다. Model1은 매크로에서 분석할 때 모델을 1로 설정하라는 의미이다. 분석 실습에 앞서 변수의 약자를 알 필요가 있는데, 독립변수는 x, 종속변수는 y, 매개변수는 m, 조절변수는 w이다.

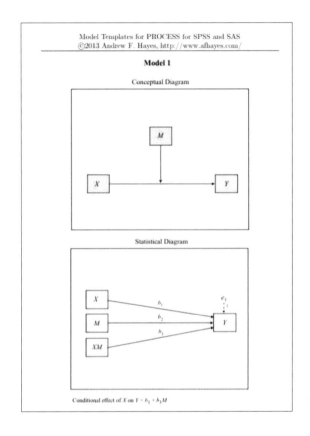

---

12) http://dm.darden.virginia.edu/ResearchMethods/Templates.pdf

3) 매개효과 분석

매개효과분석은 독립변수와 종속변수의 관계에서 다리역할을 해주는 변수의 효과를 확인하는 방법이다. 예를 들어 상사의리더십은 근로자의 업무스트레스를 낮춰 이직의도를 감소시킬 수 있을 것이라는 가설을 검증한다. 실습으로 독립변수는 상사의리더십, 매개변수는 업무스트레스, 종속변수는 이직의도로 설정한다.

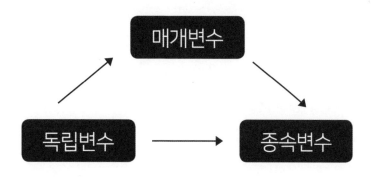

매크로는 회귀분석을 기반으로 한다. 매크로가 있기 전, 매개효과 분석은 독립변수가 매개변수에 미치는 영향, 독립변수와 매개변수가 종속변수에 미치는 영향, 독립변수가 종속변수에 미치는 영향의 3단계 분석을 각각 수행해야 했다(그리고 매개효과의 유의성을 확인하기 위해 별도의 Sobel test를 실시해야 했다). 그러나 매크로는 여러 번 분석을 해야하는 모형을 한 번의 모델링으로 결과를 도출할 수 있게 해주는 프로그램이기 때문에 분석이 번거롭지 않고, 매개효과의 유의성을 상대적으로 정확성이 높은 Bootstrapping-test로 확인해준다는 장점을 갖는다.

분석결과는 다음의 순서로 제시된다.

① 독립변수 → 매개변수
② 독립변수, 매개변수 → 종속변수
③ 독립변수 → 종속변수
④ 매개효과

이직의도 평균 변수를 만들어 상사의리더십평균 → 업무스트레스평균 → 이직의도평균 경로의 매개효과 분석을 실시해보고자 한다. 먼저 매크로의 경우 긴 글자 수를 인식하지 못하기 때문에 x, m, y로 변경해준다. 분석 이후 헷갈릴 수 있기 때문에 레이블(설명)에 원변수명을 적어놓는 것을 추천한다.

	이름	유형	너비	소수점이...	레이블
1	x	숫자	8	2	상사의리더십평균
2	m	숫자	8	2	업무스트레스평균
3	y	숫자	8	2	이직의도평균

[분석] → [회귀분석] → [PROCESS]를 클릭한다.

템플릿 상에서 확인했을 때, 매개효과 모형은 4번이다. 따라서 Model number를 4번으로 설정하고 독립변수를 x, 매개변수를 m, 종속변수를 y로 설정한 후 [Options]을 클릭한다.

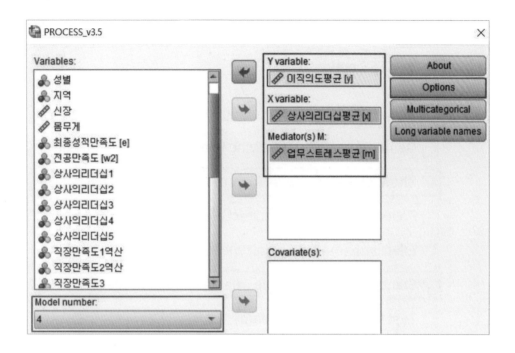

옵션에서는 총효과, 직접효과, 간접효과 등의 매개효과 분해과정을 도출해주는 [Show total effect model], 표준화 계수(β)를 보여주는 [Standardized coefficients]를 체크한 후 [계속] 및 [확인]을 클릭한다.

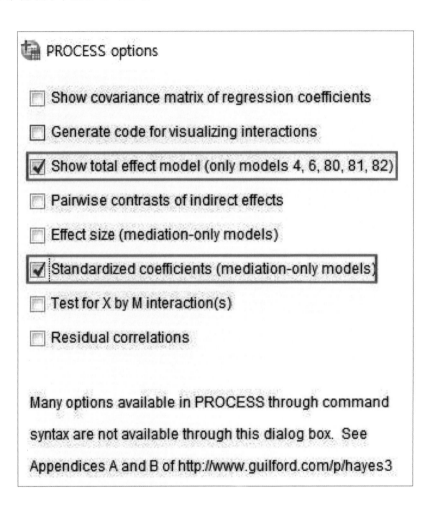

첫 번째 모형에서 OUTCOME VARIABLE은 m이며, 분석결과에는 x의 영향력이 나온다. 즉, 상사의리더십이 업무스트레스에 영향을 미치는 경로를 분석한 모형이다. R^2(설명력)으로서 R-sq, F값과 유의확률이 나타나며 β값은 아래에 있는 Standardized coefficients 값이다(−.5761). 결과를 보면, 상사의리더십은 업무스트레스에 부적으로 유의한 영향을 미쳤다(β=−.576, p<.001).

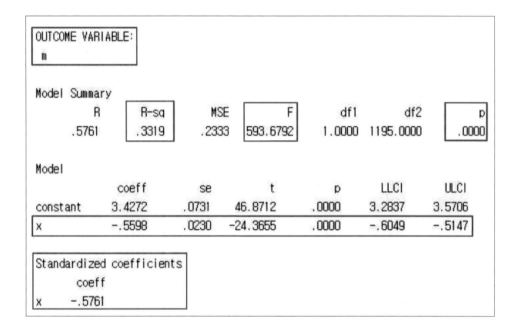

이 모형에서 OUTCOME VARIABLE은 y이며, x와 m의 영향력이 나타난다. 즉, 독립변수와 매개변수가 종속변수에 미치는 영향을 확인하는 모형이고 이직의도에 대하여 상사의리더십은 부적으로 유의한 영향을($\beta=-.114$, p<.001), 업무스트레스는 정적으로 유의한 영향을($\beta=.464$, p<.001) 미치는 것으로 나타났다.

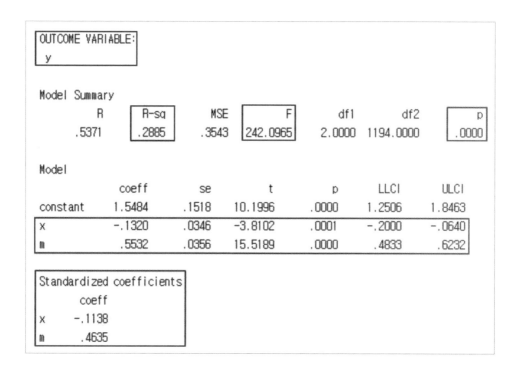

이 모형은 OUTCOME VARIABLE이 y이며 x의 영향력을 보는 모형, 즉 독립변수와 종속변수의 직접적인 관계를 보는 모형이다. 독립변수가 종속변수에 미치는 영향은 매개변수를 투입한 모형에서도 볼 수 있는데, '독립, 매개 → 종속' 모형과 이 '독립 → 종속'의 직접적 관계를 확인하는 모형과의 비교를 통해 완전매개효과 및 부분매개효과 여부를 확인할 수 있다. 만약 직접적인 관계에서 유의하지만 매개변수와 함께 투입된 독립변수가 유의하지 않다면 완전매개효과, 두 모형에서 모두 독립변수의 영향력이 유의하다면 부분매개효과로 평가한다. 완전매개효과는 독립변수와 종속변수의 직접적인 관계보다는 독립변수가 매개변수를 통해 종속변수에 영향을 미치는 경로가 더 설득력 있는 모형임을 의미한다. 상사의리더십은 이직의도에 부적으로 유의한 영향을 미치는 것으로 나타났다($\beta = -.381$, $p < .001$).

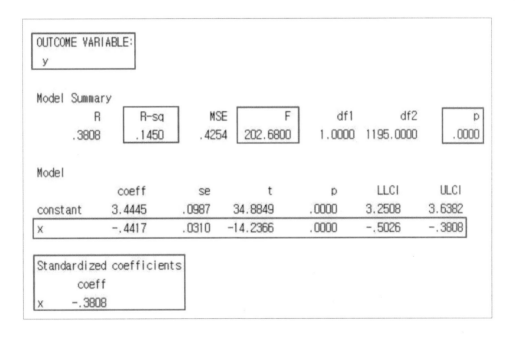

```
OUTCOME VARIABLE:
  y

Model Summary
         R        R-sq       MSE          F        df1        df2          p
     .3808      .1450      .4254    202.6800    1.0000  1195.0000      .0000

Model
            coeff         se           t           p        LLCI        ULCI
constant   3.4445      .0987     34.8849       .0000      3.2508      3.6382
x          -.4417      .0310    -14.2366       .0000      -.5026      -.3808

Standardized coefficients
            coeff
x          -.3808
```

매개효과를 확인하는 Bootstrapping-test의 결과다. 총효과에서 직접효과가 제외된 매개효과(=Indirect effect)의 영향력과 유의성이 나타난다. 여기에서는 유의확률(p)을 따로 제시해주지 않는데, BootLLCI(하한값)과 BootULCI(상한값) 사이에 0이 포함되지 않으면 통계적으로 유의하다고 판단한다. 현재 하한값과 상한값 둘 다 부호가 같기 때문에 매개효과는 유의하다. Effect(계수, 혹은 B값) 값이 음수이기 때문에 상사의리더십은 업무 스트레스를 낮춰 이직의도를 감소시키는 부적 매개효과를 갖는다고 해석할 수 있다. 논문에는 총효과(Total effect), 직접효과(Direct effect), 매개효과(간접효과, Indirect effect)를 모두 적는 경우도 있다. 총효과에서 직접효과를 제외했을 때 나오는 값이 매개효과이므로 이 결과들을 통해 매개효과 분해과정을 보여줄 수 있다.

```
Total effect of X on Y
     Effect      se       t         p       LLCI     ULCI     c_ps     c_cs
     -.4417    .0310  -14.2366    .0000    -.5026   -.3808   -.6265   -.3808

Direct effect of X on Y
     Effect      se       t         p       LLCI     ULCI     c'_ps    c'_cs
     -.1320    .0346   -3.8102    .0001    -.2000   -.0640   -.1872   -.1138

Indirect effect(s) of X on Y:
     Effect   BootSE  BootLLCI  BootULCI
 m   -.3097    .0260   -.3613    -.2591
```

tip

과거에는 매개효과를 보는 과정에서 독립변수와 종속변수의 직접적인 관계가 반드시 유의해야 한다는 조건을 따르는 경우가 많았으나, 최근에는 매개효과의 유의성에 중점을 두는 경향이 높아졌다. 이에 관한 것은 Rucker 등의 연구를 참고하면 된다.[13]

13) Rucker, D. D., Preacher, K. J., Tormala, Z. L., & Petty, R. E. (2011). Mediation analysis in social psychology : Current practices and new recommendations. Social and Personality Psychology Compass, 5(6), 359-371.

4) 다중병렬매개효과

다중병렬매개효과는 매개변수가 두 개 이상인 모형을 의미한다. 예를 들어 상사의리더십이 이직의도에 영향을 미치는 경로에는 업무스트레스뿐만 아니라 직장만족도의 매개효과가 동시에 존재할 수 있다. 물론 실습 차원에서 만든 가설이라 큰 의미는 없지만, 이론적으로 첨예한 경쟁가설들을 두고, 그 경로들 중 어느 매개효과가 가장 설득력 있는지를 파악하는 것은 재미있는 접근이 될 수 있다.

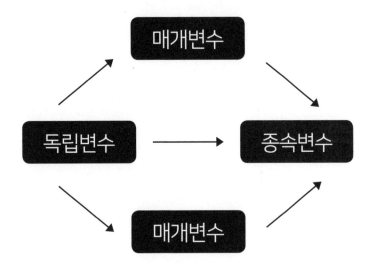

분석결과는 다음의 순서로 제시된다.

① 독립변수 → 매개변수1
② 독립변수 → 매개변수2
③ 독립변수, 매개변수1, 매개변수2 → 종속변수
④ 독립변수 → 종속변수
⑤ 매개효과

분석에 앞서 업무스트레스평균을 m1, 직장만족도평균을 m2로 변수명을 변경해준다. 즉 이 모형은 상사의리더십과 이직의도의 관계에서 업무스트레스 및 직장만족도의 매개 효과를 분석하는 모형이다.

[분석] → [회귀분석] → [PROCESS]를 클릭한다.

Model number, 독립변수와 종속변수의 위치, 그리고 [Option] 체크사항까지 일반 매개효과 분석과 같지만, 매개변수 두 개 모두를 [Mediator(s) M:] 위치에 옮긴다는 것을 이해해야 한다.

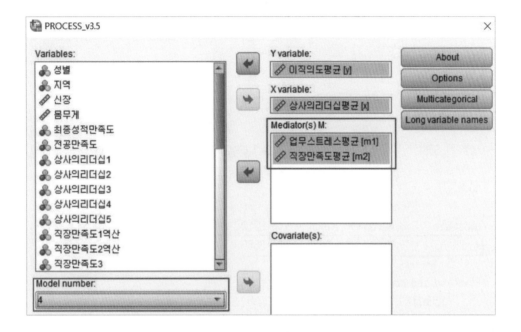

이 모형은 m1(업무스트레스평균)이 종속변수이고 이것에 대한 x(상사의리더십평균)의 영향력이 나타난다. 가장 먼저 독립변수가 매개변수에 미치는 영향력을 분석하는 일반 매개모형의 순서와 같아 보인다. 분석결과를 보면, 상사의리더십은 업무스트레스에 부적으로 유의한 영향을 미치고 있다($\beta = -.576$, p<.001).

```
OUTCOME VARIABLE:
m1

Model Summary
          R        R-sq       MSE          F        df1         df2          p
       .5761      .3319      .2333    593.6792    1.0000   1195.0000       .0000

Model
              coeff        se         t          p        LLCI        ULCI
constant     3.4272     .0731    46.8712      .0000      3.2837      3.5706
x           -.5598     .0230   -24.3655      .0000      -.6049      -.5147

Standardized coefficients
          coeff
x        -.5761
```

이 모형은 m2(직장만족도)가 종속변수이고 이것에 대한 x(상사의리더십평균)의 영향력을 확인한다. 독립변수와 두 번째 매개변수와의 관계를 보는 모형이다. 결과를 보면 상사의리더십은 직장만족도에 정적으로 유의한 영향을 주고 있다(β=.428, p<.001).

```
OUTCOME VARIABLE:
m2

Model Summary
          R        R-sq       MSE         F        df1        df2          p
      .4279       .1831      .2291   267.8785    1.0000   1195.0000      .0000

Model
            coeff        se          t          p        LLCI       ULCI
constant   2.0160     .0725    27.8246      .0000     1.8739     2.1582
x           .3726     .0228    16.3670      .0000      .3280      .4173

Standardized coefficients
        coeff
x       .4279
```

이 모형은 y(이직의도)가 종속변수이고 이것에 대한 독립변수, 매개변수 두 개의 영향력을 확인하는 모형이다. 분석결과를 보면 상사의리더십($\beta=-.101$, p<.01)과 직장만족도($\beta=-.067$, p<.05)는 이직의도에 부적으로 유의한 영향을 주고 있으며, 업무스트레스는 이직의도에 정적으로 유의한 영향을 미쳤다($\beta=.437$, p<.001). 상대적 영향력을 확인해보면, 표준화 계수(β)값이 m1(업무스트레스평균)이 m2(직장만족도)에 비해 높으므로 업무스트레스가 더 높은 영향력을 갖는 것으로 판단할 수 있다.

```
OUTCOME VARIABLE:
  y

Model Summary
          R       R-sq      MSE        F        df1       df2          p
      .5401      .2917     .3530    163.7829   3.0000  1193.0000      .0000

Model
             coeff       se         t          p       LLCI       ULCI
constant    1.8379     .1963     9.3620      .0000     1.4528     2.2231
x           -.1166     .0352    -3.3112      .0010     -.1857     -.0475
m1           .5213     .0382    13.6630      .0000      .4465      .5962
m2          -.0893     .0385    -2.3194      .0205     -.1649     -.0138

Standardized coefficients
          coeff
x         -.1005
m1         .4367
m2        -.0670
```

매개효과를 확인하기 위해 Bootstrapping-test 결과를 확인해보면, m1, m2의 하한값과 상한값에 모두 0이 포함되지 않으므로 두 매개효과가 유의함을 알 수 있다.

```
Total effect of X on Y
     Effect        se         t         p      LLCI      ULCI      c_ps      c_cs
     -.4417     .0310  -14.2366     .0000    -.5026    -.3808    -.6265    -.3808

Direct effect of X on Y
     Effect        se         t         p      LLCI      ULCI     c'_ps     c'_cs
     -.1166     .0352   -3.3112     .0010    -.1857    -.0475    -.1654    -.1005

Indirect effect(s) of X on Y:
             Effect    BootSE   BootLLCI   BootULCI
TOTAL        -.3251     .0260     -.3787     -.2760
m1           -.2918     .0275     -.3473     -.2410
m2           -.0333     .0155     -.0649     -.0040
```

tip

만약 매개변수가 세 개 이상이더라도 매개변수를 투입하는 자리에 해당 변수들을 투입하여 분석한다면 자동으로 모든 경로의 매개효과가 분석된다.

5) 다중직렬매개효과

　다중직렬매개효과는 다중병렬매개효과와 같이 두 개 이상의 매개효과를 확인함과 더불어 순차적 매개효과 가설을 포함하는 연구방법이다. 즉 이 모형은 다중병렬매개효과에서 나타나는 매개효과 결과와 더불어 독립변수가 매개변수1, 매개변수2를 순차적으로 경유하여 종속변수에 영향을 미치는 가설을 추가로 확인할 수 있다.

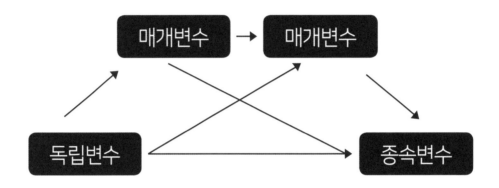

　분석결과는 다음의 순서로 제시된다.

① 독립변수 → 매개변수1

② 독립변수, 매개변수1 → 매개변수2

③ 독립변수, 매개변수1, 매개변수2 → 종속변수

④ 독립변수 → 종속변수

⑤ 매개효과

다중직렬매개효과 모형은 템플릿 상에서 6번 모델이다. 여기에서는 다중병렬매개효과 분석실습과 똑같이 변수를 투입하는데, [Mediator(s)] 자리에 업무스트레스평균 다음으로 직장만족도평균을 넣었으므로, 상사의리더십이 업무스트레스를 감소시킴으로써 직장만족도가 높아져 이직의도가 줄어들 수 있다는 가설을 검증하게 된다(상사의리더십 → 업무스트레스 → 직장만족도 → 이직의도). [14]

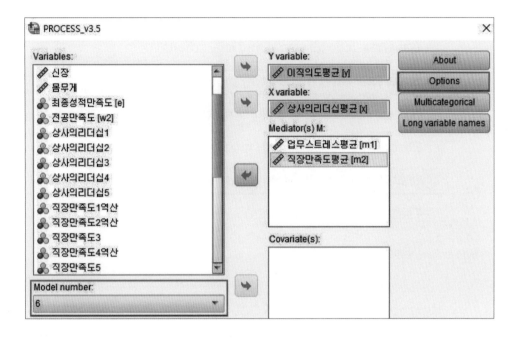

---

14) 만약 업무스트레스평균과 직장만족도평균의 순서를 반대로 했다면 상사의리더십 → 직장만족도 → 업무스트레스 → 이직의도 순으로 분석을 하게 된다.

[Option]은 매개효과, 다중병렬매개효과, 다중직렬매개효과와 같이 [Show total effect model]과 [Standardized coefficients]를 체크하고 [계속] → [확인]을 클릭한다.

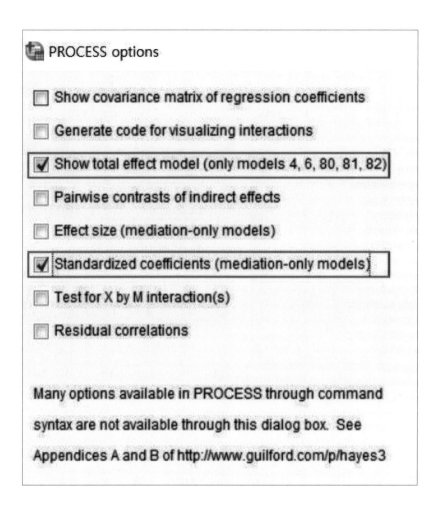

이 모형에서는 종속변수가 m1(업무스트레스평균)이므로 상사의리더십평균과 업무스트레스평균의 관계를 분석하는 모형이며, 상사의리더십은 업무스트레스에 부적으로 유의한 영향을 주고 있음을 알 수 있다($\beta = -.576$, $p < .001$).

```
OUTCOME VARIABLE:
 m1

Model Summary
          R       R-sq       MSE         F        df1        df2          p
      .5761      .3319     .2333   593.6792     1.0000  1195.0000      .0000

Model
             coeff        se         t         p        LLCI       ULCI
constant    3.4272     .0731   46.8712     .0000      3.2837     3.5706
x           -.5598     .0230  -24.3655     .0000     -.6049     -.5147

Standardized coefficients
        coeff
x      -.5761
```

이 모형에서는 m2(직장만족도평균)가 종속변수이므로 상사의리더십평균, 업무스트레스평균이 직장만족도에 미치는 영향을 분석한다. 분석결과, 상사의리더십은 직장만족도에 정적으로 유의한 영향을(β=.198, p<.001), 업무스트레스에는 부적으로 유의한 영향을 (β=−.399, p<.001) 미치는 것으로 분석되었다.

```
OUTCOME VARIABLE:
m2

Model Summary
          R         R-sq       MSE        F          df1        df2        p
         .5380      .2895      .1994      243.2204   2.0000     1194.0000  .0000

Model
              coeff      se         t          p          LLCI       ULCI
constant      3.2414     .1139      28.4600    .0000      3.0180     3.4649
x             .1725      .0260      6.6362     .0000      .1215      .2235
m1           -.3576      .0267      -13.3687   .0000      -.4100     -.3051

Standardized coefficients
         coeff
x        .1981
m1      -.3990
```

이 모형에서는 종속변수가 y(이직의도)이므로 상사의리더십평균, 업무스트레스평균, 직장만족도평균이 이직의도평균에 미치는 영향을 분석한다. 이직의도에 대하여 상사의리더십은 부적으로 유의한 영향을($\beta=-.101$, $p<.01$), 업무스트레스는 정적으로 유의한 영향을($\beta=.437$, $p<.001$), 직장만족도는 부적으로 유의한 영향을($\beta=-.067$, $p<.05$) 미쳤다.

```
OUTCOME VARIABLE:
 y

Model Summary
          R       R-sq       MSE         F       df1       df2          p
      .5401      .2917      .3530   163.7829    3.0000  1193.0000      .0000

Model
              coeff        se         t         p      LLCI      ULCI
constant     1.8379     .1963    9.3620     .0000    1.4528    2.2231
x            -.1166     .0352   -3.3112     .0010    -.1857    -.0475
m1            .5213     .0382   13.6630     .0000     .4465     .5962
m2           -.0893     .0385   -2.3194     .0205    -.1649    -.0138

Standardized coefficients
          coeff
x        -.1005
m1        .4367
m2       -.0670
```

이 모형에서는 독립변수와 종속변수의 직접적인 관계를 확인한다. 상사의리더십은 이직의도에 부적으로 유의한 영향을 미치는 것으로 확인되었다($\beta = -.381$, p<.001).

```
OUTCOME VARIABLE:
y

Model Summary
          R         R-sq        MSE          F         df1        df2          p
       .3808       .1450       .4254    202.6800     1.0000   1195.0000       .0000

Model
              coeff         se          t           p         LLCI        ULCI
constant     3.4445      .0987     34.8849       .0000       3.2508      3.6382
x            -.4417      .0310    -14.2366       .0000       -.5026      -.3808

Standardized coefficients
          coeff
x        -.3808
```

매개효과 결과를 확인해보면 모든 경로가 하한값, 상한값에 0을 포함하지 않으므로 유의한 것으로 나타났다.

```
Total effect of X on Y
    Effect        se          t           p         LLCI        ULCI       c_ps        c_cs
    -.4417      .0310    -14.2366       .0000       -.5026      -.3808      -.6265     -.3808

Direct effect of X on Y
    Effect        se          t           p         LLCI        ULCI       c'_ps      c'_cs
    -.1166      .0352     -3.3112       .0010       -.1857      -.0475      -.1654     -.1005

Indirect effect(s) of X on Y:
          Effect      BootSE     BootLLCI    BootULCI
TOTAL     -.3251      .0265      -.3777      -.2743
Ind1      -.2918      .0273      -.3466      -.2391
Ind2      -.0154      .0076      -.0322      -.0021
Ind3      -.0179      .0080      -.0340      -.0026
```

Ind1은 상사의리더십평균 → 업무스트레스평균 → 이직의도평균, Ind2는 상사의리더십평균 → 직장만족도평균 → 이직의도평균, Ind3은 상사의리더십평균 → 업무스트레스평균 → 직장만족도평균 → 이직의도평균의 경로를 보여준다. 순차적 매개효과경로를 중심으로 설명하면, 상사의리더십은 업무스트레스, 직장만족도를 순차적으로 경유하여 이직의도에 부적으로 유의한 영향을 주는 것으로 해석할 수 있다.

```
Indirect effect key:
Ind1 x          ->   m1        ->   y
Ind2 x          ->   m2        ->   y
Ind3 x          ->   m1        ->   m2       ->   y
```

> **tip**
>
> 매크로 6번 모형인 다중직렬매개효과는 주로 순차적 매개경로 가설이 가능할 때 활용되는 분석방법인데, 이때는 이론적 배경을 신중히 검토해야 한다. 만약 Ind3 (순차적 경로)이 이론적으로 가능한 분석이지만, Ind1이나 Ind2의 경로에 대한 이론적 근거를 제시할 수 없는 경우가 종종 발생한다. 따라서 복잡한 연구모형을 설정할 때는 반드시 선행연구 및 이론을 충분히 검토할 것을 권장한다. 더불어 다중직렬매개효과 역시 세 개 이상의 변수 투입이 가능하므로, 6번 모형을 설정한 후, 매개변수를 투입하는 자리에 순서대로 변수들을 넣어주면 된다.

6) 조절효과

조절효과는 독립변수가 종속변수에 미치는 영향력이 조절변수에 의해 어떻게 달라지는지를 확인하는 분석방법이다. 조절효과는 독립변수가 종속변수에 미치는 영향력을 차단해주는 보호효과를 확인할 때 주로 활용되지만, 성별과 같은 더미변수가 들어갈 수 있으므로 집단 간 비교분석을 위해 활용되는 경우도 있다.

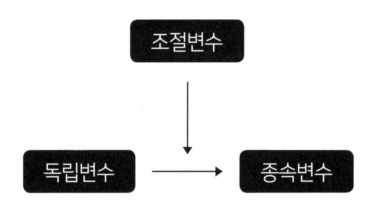

실습에서는 업무스트레스가 이직의도를 높이는 경로에서 상사의리더십이 보호효과를 갖는지 확인해보고자 한다. 분석에 앞서 독립변수를 x, 종속변수를 y, 조절변수를 w로 변환한다.

	이름	유형	너비	소수점이...	레이블	값
1	x	숫자	8	2	업무스트레스평...	없음
2	y	숫자	8	2	이직의도평균	없음
3	w	숫자	8	2	상사의리더십평...	없음

*실습작업중.sav [데이터세트1] - IBM SPSS Statistics Data Editor

파일(F) 편집(E) 보기(V) 데이터(D) 변환(T) 분석(A) 그래프(G) 유틸리티(U) 확장(X) 창(W) 도움말(H)

템플릿상에서 조절효과는 1번 모델이다. 인터넷 상에서 찾아볼 수 있는 템플릿들 중 조절변수에 m이 적혀 있는 경우가 있는데 실제 분석에서는 조절변수를 [Moderator variable W]에 넣어야 분석이 된다. 독립변수, 종속변수, 조절변수를 투입하고 [Option]을 클릭한다.

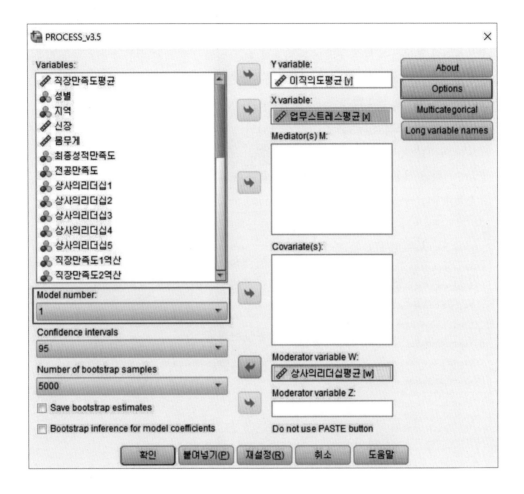

옵션에서는 [Mean center for construction of products]에 있는 [All variables that define products]를 체크해준다. 이것은 평균중심화 하는 과정이다. 실제 회귀분석에서 조절효과를 보는 방법은 독립변수에 조절변수를 곱한 상호작용변수의 영향력을 확인하는 것인데, 그 방법은 다중회귀분석을 통해 독립변수, 조절변수, 상호작용변수(독립 * 조절)가 종속변수에 미치는 영향력을 확인하는 것이다. 이때 독립변수와 조절변수를 곱한 상호작용변수가 독립변수 혹은 조절변수 자체와 높은 상관성을 지닐 수밖에 없으므로 다중공선성 문제가 발생하게 된다. 이를 해결하기 위해 조절효과분석에서는 반드시 평균중심화(독립변수−독립변수의 평균) * (조절변수−조절변수의 평균)를 하거나 표준화점수(독립변수의 Z점수 * 조절변수의 Z점수)를 사용하여 상호작용변수를 만들어야 한다. 그러나 매크로는 이러한 번거로운 과정을 생략할 수 있다. 즉, 이 옵션을 통해 별도의 변수생성 없이 평균중심화를 적용한 분석결과를 확인할 수 있다. 더불어 조절변수가 투입된 모형에서는 표준화계수(β)를 구할 수 없으므로 [Standardized coefficients] 체크는 하지 않는다.[15]

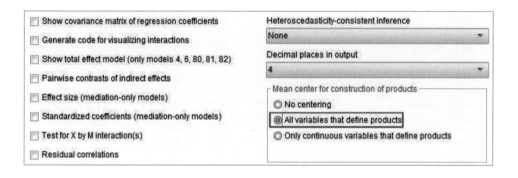

---

15) β 값은 < 비표준화 계수 * (독립변수의 표준편차 / 종속변수의 표준편차) > 의 공식으로 별도로 구할 수 있다.

종속변수인 이직의도평균에 대한 업무스트레스평균(x), 상사의리더십평균(w), x * y인 상호작용변수(int_1)의 영향력이 분석되었다. 분석결과 업무스트레스는 이직의도에 정적으로 유의한 영향을(B=.566, p<.001), 상사의리더십은 이직의도에 부적으로 유의한 영향을 주고 있다(B=−.135, p<.001). 그러나 상호작용변수는 유의한 영향을 미치지 않는 것으로 나타나 조절효과가 없음을 알 수 있다. 만약 상호작용변수가 유의하게 나타나 조절효과를 해석해야 하는 경우, 독립변수와 상호작용변수 B값의 부호가 반대라면 '독립변수와 종속변수의 관계를 약화시켰다', 부호가 같다면 '독립변수와 종속변수의 관계를 강화시켰다'라고 해석하면 된다.

```
Model Summary
          R         R-sq        MSE         F          df1         df2          p
       .5382       .2897       .3540     162.1573     3.0000    1193.0000      .0000

Model
              coeff        se          t           p         LLCI        ULCI
constant     2.0765      .0192     108.0177      .0000      2.0388      2.1143
x             .5663      .0369      15.3627      .0000       .4939       .6386
w            -.1351      .0347      -3.8925      .0001      -.2031      -.0670
Int_1         .0574      .0416       1.3820      .1672      -.0241       .1390
```

기존 SPSS에서 조절효과를 분석할 때 위계적 회귀분석으로 진행을 하고 R2, F값의 변화량을 확인하는 경우가 있는데, 여기에서는 미세한 변화가 있으나 그것이 통계적으로 유의하지는 않다. 조절효과가 유의하지 않으니 당연한 결과이지만, 만약 상호작용변수가 유의하게 나타나 조절효과가 있는 것으로 분석되었을 경우 이것을 함께 보고할 수 있다.

```
Test(s) of highest order unconditional interaction(s):
          R2-chng         F          df1         df2          p
X*W        .0011       1.9099      1.0000    1193.0000      .1672
```

매크로의 조절효과 분석에서는 독립변수나 조절변수가 범주형 범수일 때 별도의 더미

변환을 하지 않고, [Multicategorical] 옵션 기능을 활용할 수 있다.

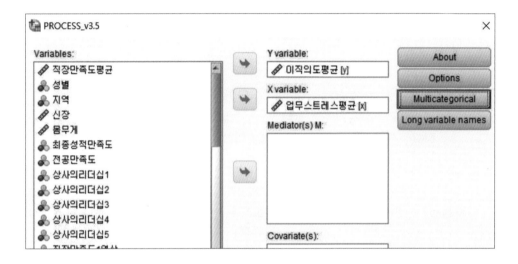

조절변수가 범주형 변수라면 [Variable W]에 체크를 해준다. 그러나 범주형 범수가
성별처럼 이분화되어있는 경우라면 이 기능 없이도 1, 0으로 코딩변경하여 조절변수로
투입하면 된다. 만약 독립변수가 범주형인 모형을 분석할 경우라면(매개효과, 조절효과
모형과 관계없이) [Variable X]에 체크해주고 분석하면 더미변환이 적용된 분석결과를
확인할 수 있다.

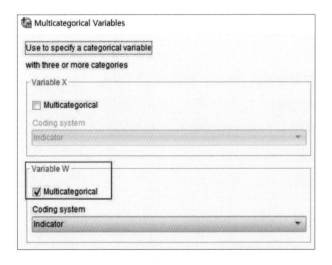

7) 조절된 매개효과

　조절된 매개효과는 매개효과 모형과 조절효과 모형을 통합한 모형이다. 그림처럼 모든 변에 대해 조절효과를 분석하는 모형(59번)도 있으나, 왼쪽 변에만 조절변수를 투입한 모형(7번), 오른쪽 변에만 조절변수를 투입한 모형(14번), 왼쪽, 오른쪽 변을 동시에 조절하는 모형(58번 모형) 등이 있다.

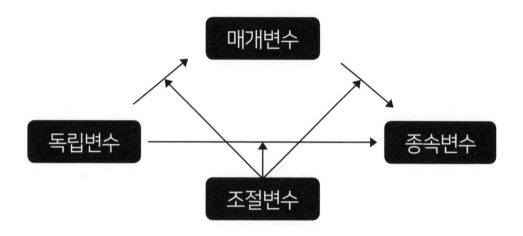

　실습에서는 오른쪽 변을 조절하는 14번 모형을 분석해보겠다. 모형은 상사의리더십이 업무스트레스를 매개로 이직의도에 영향을 미치는 매개효과 모형에서 업무스트레스와 이직의도의 관계를 업무량이 조절하는지 확인해보고자 한다.

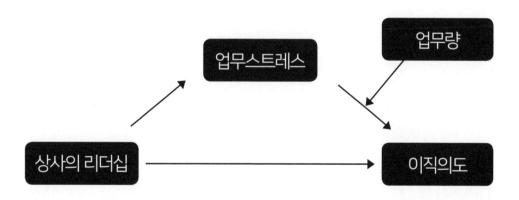

분석결과는 다음의 순서로 제시된다.

① 독립변수 → 매개변수
② 독립변수, 매개변수, 조절변수, 상호작용변수 → 종속변수
③ 조절된 매개효과

상사의리더십평균을 x, 업무스트레스평균을 m, 이직의도평균을 y, 업무량을 w로 변환해
준다.

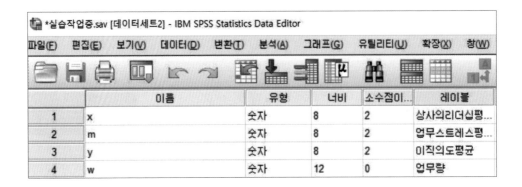

변수들을 해당 독립변수, 매개변수, 종속변수, 조절변수 위치에 옮겨주고 [Model number]는 14번으로 선택해준다. 그리고 [옵션]을 클릭한다.

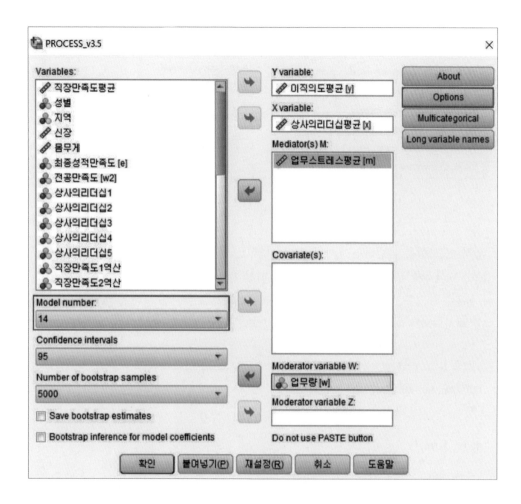

조절효과를 볼 때 평균중심화를 위해 체크해야 하는 [All variables that define products]를 체크해주고 [계속] → [확인]을 클릭한다.

먼저 이 모형은 독립변수가 매개변수에 미치는 영향을 분석한다. 상사의리더십평균은 업무스트레스에 부적으로 유의한 영향을 미쳤다(B=-.560, p<.001). 즉 상사의리더십이 높을수록 업무스트레스는 감소하였다. 조절효과가 포함된 모형이기 때문에 베타값이 따로 제시되지는 않는다.

```
OUTCOME VARIABLE:
 m

Model Summary
          R      R-sq       MSE        F       df1       df2         p
      .5761     .3319     .2333   593.6792    1.0000  1195.0000    .0000

Model
              coeff        se         t         p       LLCI       ULCI
constant     3.4272     .0731   46.8712     .0000     3.2837     3.5706
x            -.5598     .0230  -24.3655     .0000     -.6049     -.5147
```

다음 모형에서는 독립변수, 매개변수, 조절변수, 상호작용변수가 종속변수에 미치는 영향이 분석된다. 독립변수, 매개변수 모두 종속변수에 유의한 영향을 미쳤고, 조절변수 자체(업무량)는 유의한 영향을 미치지 않았다. 이 모형에서 중요한 것은 상호작용변수의 유의성인데, 현재 Int_1 변수가 정적으로 유의하였다(B=.147, p<.001). 현재 매개변수가 종속변수에 미치는 영향이 상호작용변수와 마찬가지로 정적으로 유의해서 강화효과가 나타난 것이며, 이에 대해 '업무스트레스가 이직의도에 미치는 정적(+) 영향력이 업무량에 의해 강화되었다'라고 해석할 수 있다.

```
OUTCOME VARIABLE:
y

Model Summary
          R        R-sq       MSE          F         df1         df2           p
      .5438       .2958      .3513    125.1454     4.0000    1192.0000        .0000

Model
              coeff         se          t          p        LLCI        ULCI
constant     2.4954      .1097    22.7502      .0000      2.2802      2.7106
x            -.1322      .0346     -3.8202      .0001      -.2001      -.0643
m             .5647      .0368     15.3385      .0000       .4925       .6370
w            -.0330      .0292     -1.1298      .2588      -.0902       .0243
Int_1         .1472      .0430      3.4235      .0006       .0628       .2316
```

조절된 매개효과 모형에서는 상호작용변수를 통해 조절효과를 확인하지만, 이보다 더 중요한 것은 조절된 매개효과다. Index of moderated mediation에서 하한값과 상한값 사이에 0이 포함되지 않으므로 현재 조절된 매개효과는 유의하다. 이것은 조절변수가 매개변수와 종속변수의 관계를 조절할 뿐만 아니라 독립변수가 매개변수를 통해 종속변수에 미치는 매개효과를 조절하는 것을 의미한다. 매개효과 계수와 비교를 하여 이 역시 부호가 같을 때는 매개효과가 강화된다, 부호가 반대일 때는 매개효과가 약화된다는 식으로 해석한다.

```
Index of moderated mediation:
        Index      BootSE     BootLLCI     BootULCI
w       -.0824      .0280      -.1368       -.0270
```

여러 가지의 조절된 매개효과 모형 중 독립변수와 종속변수의 관계에 대한 조절효과가 포함될 경우, 조절변수가 연속변수일 때 조절된 매개효과 결과가 나타나지 않는다. 이때 연속형 조절변수를 평균이나 중앙값을 기준으로 고 / 저 집단으로 더미변환 (1, 0)하여 투입해주면 조절된 매개효과 결과를 확인할 수 있다.

8) 다중병렬매개효과에 대한 조절된 매개효과

　조절된 매개효과에 관한 연구들은 대부분 기본적인 삼각형 매개효과 모형에 대해서만 조절된 매개효과를 분석하는 경향이 있는데, 매크로에서는 다중병렬매개효과, 다중직렬 매개효과에 대해서도 조절된 매개효과 분석이 가능하다. 다중병렬매개효과의 경우 기존 조절된 매개효과와 Model number가 같으며 매개변수를 투입하는 칸에 두 개 이상의 매개 변수를 넣으면 된다.

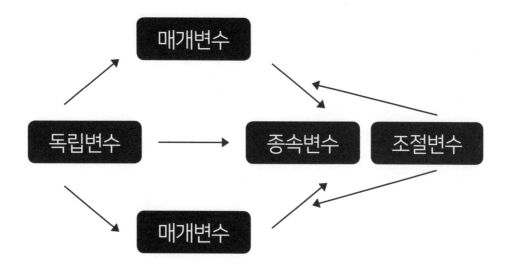

분석결과는 다음의 순서로 제시된다.

① 독립변수 → 매개변수1
② 독립변수 → 매개변수2
③ 독립변수, 매개변수1, 매개변수2, 조절변수, 상호작용변수1, 상호작용변수2 → 종속변수
④ 조절된 매개효과

상사의리더십이 업무스트레스, 직장만족도를 매개로 이직의도에 영향을 미치는 다중병렬 매개효과에서 업무스트레스와 이직의도의 관계, 직장만족도와 이직의도의 관계에 대해 업무량의 조절효과를 확인하고자 한다. 변수명을 변환해준다.

변수를 해당 칸에 옮겨주고, Model number는 14로 설정한다. 그리고 [Option]을 클릭한다.

조절효과가 포함되는 모형이기 때문에 평균중심화 옵션을 체크하고 [계속] → [확인]을 클릭한다.

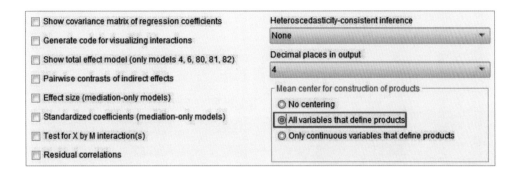

조절효과가 포함된 모형을 중심으로 보면(나머지 모형은 다중병렬매개효과와 내용이 같다), 이전 14번 모형 분석과 다르게 상호작용변수의 효과 두 개가 나타난다. 그리고 Int_1 과 Int_2는 각각 m1 * w, m2 * w를 의미한다. 현재 m1(업무스트레스)과 y(이직의도)의 관계에서 조절효과가 유의한 것으로 나타났다(B=.110, p<.05).

```
OUTCOME VARIABLE:
 y

Model Summary
          R        R-sq       MSE          F         df1         df2          p
      .5476       .2999      .3498    84.9463    6.0000   1190.0000       .0000

Model
              coeff        se          t          p        LLCI        ULCI
constant     2.4501     .1111    22.0533      .0000      2.2322      2.6681
x            -.1152     .0352    -3.2774      .0011     -.1842      -.0462
m1            .5407     .0385    14.0300      .0000      .4651       .6163
m2           -.0860     .0408    -2.1044      .0356     -.1661      -.0058
w            -.0229     .0322     -.7114      .4770     -.0860       .0402
Int_1         .1101     .0496     2.2178      .0268      .0127       .2075
Int_2        -.0829     .0564    -1.4692      .1420     -.1936       .0278

Product terms key:
 Int_1    :       m1        x         w
 Int_2    :       m2        x         w
```

조절된 매개효과 역시 두 개의 결과가 나타난다. 상사의리더십이 업무스트레스를 통해 이직의도에 영향을 미치는 경로에 대한 조절된 매개효과가 유의하다.

```
INDIRECT EFFECT:
 x              ->      m1            ->      y

          w        Effect       BootSE     BootLLCI     BootULCI
     -.4570       -.2745         .0286      -.3304       -.2186
      .5430       -.3362         .0373      -.4112       -.2651
      .5430       -.3362         .0373      -.4112       -.2651

        Index of moderated mediation:
          Index       BootSE     BootLLCI     BootULCI
  w      -.0616        .0315      -.1243       -.0017
---

INDIRECT EFFECT:
 x              ->      m2            ->      y

          w        Effect       BootSE     BootLLCI     BootULCI
     -.4570       -.0179         .0185      -.0550        .0173
      .5430       -.0488         .0203      -.0894       -.0099
      .5430       -.0488         .0203      -.0894       -.0099

        Index of moderated mediation:
          Index       BootSE     BootLLCI     BootULCI
  w      -.0309        .0218      -.0729        .0124
```

9) 다중직렬매개효과에 대한 조절된 매개효과

다중직렬매개효과에 대한 조절된 매개효과는 별도의 모형으로 분석 가능하다. 대표적으로 독립변수와 매개변수1의 관계에 대해 조절효과를 확인하는 83번 모형이 있다.

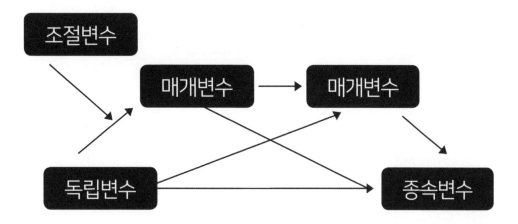

분석결과는 다음의 순서로 제시된다.

① 독립변수, 조절변수, 상호작용변수 → 매개변수1
② 독립변수, 매개변수1 → 매개변수2
③ 독립변수, 매개변수1, 매개변수2 → 종속변수
④ 조절된 매개효과

상사의리더십, 업무스트레스, 직장만족도, 이직의도의 순차적 매개효과를 보는 모형에서 상사의리더십과 업무스트레스의 관계에 대해 업무량의 조절효과를 확인하는 모형을 분석하고자 한다.

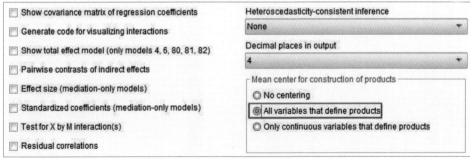

조절효과가 포함되는 모형을 중심으로 확인해보면(나머지 모형은 기존 다중직렬매개효과와 내용이 같다), m1(업무스트레스)에 대한 상호작용변수(Int_1)의 효과가 독립변수(x)의 부적 영향력과 반대로 정적인 것으로 나타났다. 즉 상사의리더십이 업무스트레스를 감소시키는 영향력을 업무량이 약화시킨다고 해석할 수 있다.

```
OUTCOME VARIABLE:
m1

Model Summary
         R        R-sq       MSE         F         df1        df2          p
     .6134       .3763      .2182     239.8839    3.0000   1193.0000      .0000

Model
              coeff        se          t          p        LLCI        ULCI
constant     1.6644      .0139     119.8122      .0000     1.6372      1.6917
x            -.5065      .0230     -22.0268      .0000     -.5516      -.4614
w            -.1741      .0223      -7.8146      .0000     -.2179      -.1304
Int_1         .1473      .0346       4.2573      .0000      .0794       .2151
```

조절된 매개효과는 독립변수가 매개변수1을 통해 종속변수에 영향을 미치는 경로, 독립변수가 매개변수1, 매개변수2를 통해 종속변수에 영향을 미치는 순차적 경로에 대해 분석된다. 두 경로에 대한 조절된 매개효과가 정적으로 유의하였다.

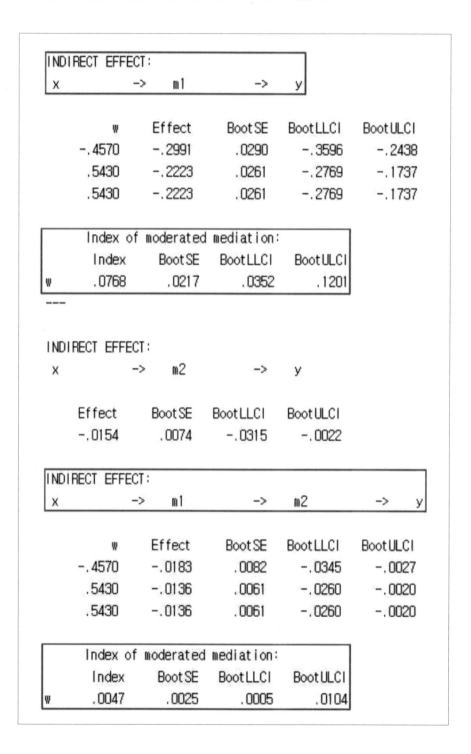

INDIRECT EFFECT:
x   ->   m1   ->   y

W	Effect	BootSE	BootLLCI	BootULCI
-.4570	-.2991	.0290	-.3596	-.2438
.5430	-.2223	.0261	-.2769	-.1737
.5430	-.2223	.0261	-.2769	-.1737

Index of moderated mediation:

	Index	BootSE	BootLLCI	BootULCI
W	.0768	.0217	.0352	.1201

INDIRECT EFFECT:
x   ->   m2   ->   y

Effect	BootSE	BootLLCI	BootULCI
-.0154	.0074	-.0315	-.0022

INDIRECT EFFECT:
x   ->   m1   ->   m2   ->   y

W	Effect	BootSE	BootLLCI	BootULCI
-.4570	-.0183	.0082	-.0345	-.0027
.5430	-.0136	.0061	-.0260	-.0020
.5430	-.0136	.0061	-.0260	-.0020

Index of moderated mediation:

	Index	BootSE	BootLLCI	BootULCI
W	.0047	.0025	.0005	.0104

다중직렬매개효과에 대한 조절된 매개효과 분석 역시 다양한 변수 간 관계에 대해 조절 효과를 확인할 수 있다. 84번 모형은 독립변수와 매개변수1의 관계, 독립변수와 매개 변수2의 관계에 대해 조절효과를 확인하는 모형, 85번 모형은 독립변수와 매개변수 1의 관계, 독립변수와 매개변수2의 관계, 독립변수와 종속변수의 관계에 대해 조절효과 를 확인하는 모형이며, 92번 모형은 다중직렬매개 효과에 포함되는 모든 변수 간 관계 에 대해 조절효과를 확인하는 모형이다.

10) 매크로 모형에서 로지스틱 회귀분석의 적용

종속변수가 이분화 되어 있는 범주형 변수일 경우 로지스틱 회귀분석을 실시해야 하므로, 그동안 매개효과나 조절효과처럼 확장된 형태의 회귀분석에서는 이분형 범주변수의 활용을 지양해왔다. 그러나 매크로는 종속변수에 이분형 범주변수를 투입했을 경우 이를 인식하고 자동으로 로지스틱 회귀분석을 포함하여 분석결과를 제시해준다는 큰 장점이 있다. 매개효과 분석으로 로지스틱 모형을 분석해보기 위해 상사의리더십이 업무스트레스를 통해 직장만족 도구분에 영향을 미치는 모형 분석을 실습해보겠다.

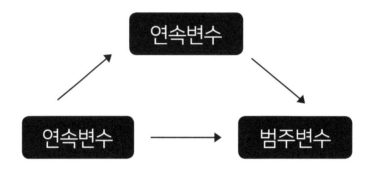

분석결과는 다음의 순서로 제시된다.

① 독립변수 → 매개변수(선형회귀분석)
② 독립변수, 매개변수 → 종속변수(로지스틱 회귀분석)
③ 매개효과

로지스틱 회귀분석 실습에서 사용했던 직장만족도구분 변수를 y로 독립변수와 매개변수를 각각 x, m으로 변환해준다.

	이름	유형	너비	소수점이...	레이블
1	x	숫자	8	2	상사의리더십평균
2	m	숫자	8	2	업무스트레스평균
3	y	숫자	8	2	직장만족도구분

모형은 똑같이 4번이며 독립변수, 매개변수, 종속변수 자리에 변수를 옮기고 [Option]을 클릭한다.

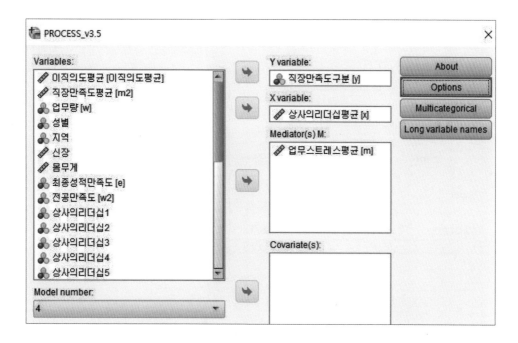

기존에는 표준화계수를 확인하기 위한 [Standardized coefficients] 옵션을 체크했지만, 로지스틱 모형이기 때문에 제외하고, [Show total effect model]만 체크하고 분석을 한다.

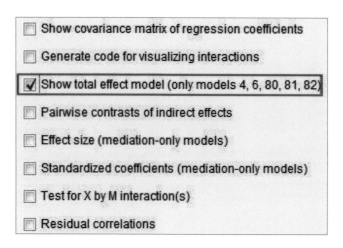

독립변수가 매개변수에 미치는 영향부터 분석되며, 이것은 일반 선형회귀모형으로 분석된다. 상사의리더십은 업무스트레스에 부적으로 유의한 영향을 미치고 있다(B=-.560, p<.001)

```
OUTCOME VARIABLE:
 m

Model Summary
          R        R-sq       MSE          F        df1        df2          p
       .5761      .3319      .2333    593.6792    1.0000   1195.0000      .0000

Model
              coeff        se         t          p        LLCI       ULCI
constant     3.4272     .0731    46.8712      .0000      3.2837     3.5706
x            -.5598     .0230   -24.3655      .0000      -.6049     -.5147
```

종속변수(직장만족도 이분화)에 대한 독립변수, 매개변수의 영향력을 보는 모형이며, 종속변수가 이분형 범주변수이기 때문에 자동으로 로지스틱 회귀분석이 실시되었다. 독립변수인 상사의리더십은 정적으로 유의한 영향을(B=.861, p<.001), 매개변수인 업무스트레스는 부적으로 유의한 영향을 미치고 있다(B=−1.454, p<.001).

```
OUTCOME VARIABLE:
 y

Coding of binary Y for logistic regression analysis:
      y  Analysis
    .00       .00
   1.00      1.00

Model Summary
        -2LL     ModelLL        df          p    McFadden   CoxSnell   Nagelkrk
    1346.2979   309.1168    2.0000      .0000       .1867      .2276      .3038

Model
               coeff        se          Z          p        LLCI       ULCI
constant      -.1564     .5754     -.2718      .7858     -1.2842      .9715
x              .8608     .1359     6.3361      .0000       .5945     1.1271
m            -1.4544     .1502    -9.6799      .0000     -1.7488    -1.1599
```

매개효과(Indirect effect)가 제시되며, Bootstap 하한값과 상한값 사이에 0이 포함되지 않으므로 매개효과는 유의하다고 해석할 수 있다.

```
Direct effect of X on Y
        Effect        se         Z          p       LLCI      ULCI
         .8608     .1359    6.3361      .0000      .5945    1.1271

Indirect effect(s) of X on Y:
        Effect    BootSE   BootLLCI   BootULCI
m        .8141     .1034      .6246     1.0331
```

12

결과작성의 예시

12. 결과작성의 예시

　많은 연구자들이 통계분석만큼 어려워하는 것은 분석결과를 논문에 적용하는 단계일 것이다. 우선 통계분석결과를 논문에 적용하는 데 있어 우리가 권장하는 가장 좋은 방법은 키논문의 활용이다. 앞서 연구주제설계 노하우를 설명할 때 유사한 통계분석방법을 활용한 키논문을 강조한 것은 서론, 이론적 배경의 흐름을 참고할 수 있다는 의미도 있지만, 통계분석결과를 참고하는 것에도 큰 도움이 되기 때문이다. 연구자마다 독립변수, 매개변수의 개수가 다르고, 작성방식이 학교마다 다른 것도 감안하면 책 한 권에 그 모든 것을 담는 것은 한계가 있다. 따라서 이번 장 '결과작성의 예시'는 가장 보편적인 기준을 적용하여 설명하고 있다. 이 방식과 더불어 키논문, 동료들의 논문 등을 종합적으로 참고하여 결과를 작성할 것을 권장한다.

연 / 구 / 결 / 과

1) 연구대상의 일반적 특성

  본 연구대상의 일반적 특성을 확인하기 위해 빈도분석을 실시한 결과는 다음 <표 1>과 같다. 성별은 남자는 618명(51.6%), 여자는 579명(48.4%)으로 남성의 비율이 높았고, 지역은 1지역 514명(42.9%), 2지역 502명(41.9%), 3지역은 181명(15.1%)로 순으로 높았다.

<표1>

변수	구분	빈도	비율
성별	남자	618	51.6
	여자	579	48.4
지역	1지역	514	42.9
	2지역	502	41.9
	3지역	181	15.1
total		1,197	100.0

2) 탐색적 요인분석

본 연구에서 활용한 변수의 타당성을 검증하기 위해 탐색적 요인분석(Exploratory factor analysis)을 실시하였다(<표 2>). 방법으로는 주성분분석(Principal component analysis) 및 베리맥스 회전(Varimax rotation)을 사용하였다. 요인 분류는 요인적재량이 .40을 초과하는지의 여부로 결정하였다.

업무스트레스와 이직의도는 총 10문항이며, 요인분석 결과, KMO 측도는 .895, Bartlett의 구형성 검정 결과가 유의하게 나타나(x^2=5024.838, p<.001), 요인분석을 진행하기에 적합한 형태임을 확인하였다. 모든 문항이 요인적재량의 기준을 충족하여 제거할 문항은 없었고, 2개의 요인은 61.845%의 누적분산비율을 갖는 것으로 나타나 설명력이 양호한 것으로 판단할 수 있다(Hair et al., 1998). [16]

<표 2>

문항	1	2
업무스트레스1	0.359	0.645
업무스트레스2	0.162	0.813
업무스트레스3	0.303	0.687
업무스트레스4	0.064	0.791
업무스트레스5	0.208	0.664
이직의도1	0.723	0.287
이직의도2	0.842	0.127
이직의도3	0.722	0.279
이직의도4	0.824	0.175
이직의도5	0.771	0.200
Eeigen value	3.322	2.863
% of Variance	33.218	28.628
Cumulative %	33.218	61.845
KMO=.895, Bartlett x^2=5024.838(p<.001)		

16) Hair, J.F JR., Anderson, R.E., Tatham, R.L., & Black, W.C. (1995). Multivariate data analysis(5th edition). Upper Saddle River, NJ : Prentice Hall.

3) 신뢰도 분석

본 연구의 척도에서 응답자가 일관성 있게 응답하였는지를 확인하기 위해 Cronbach's alpha값을 통한 신뢰도 분석을 실시하였다. 신뢰도 조건은 Cronbach's alpha값이 0.6보다 높은지의 여부를 기준으로 하며(Hair et al., 1998)[17], 업무스트레스의 alpha값이 0.6 이상으로 나타나 신뢰도가 양호함을 확인하였다.

< 표 3 >

변수	문항수	Cronbach's α
업무스트레스	5	0.807

4) 기술통계분석

주요변수의 특성을 확인하기 위해 기술통계분석을 실시하였고, 그 결과는 아래 <표 4>와 같다. 평균과 표준편차(SD)를 기준으로 기술해보면, 신장의 평균은 173.07(SD=6.85), 몸무게의 평균은 62.59(SD=9.00), 직장만족도의 평균은 3.18(SD=0.53)로 나타났다.

< 표 4 > 기술통계

변수명	최솟값	최댓값	평균	표준편차	왜도	첨도
신장	154.00	195.00	173.07	6.85	0.096	-0.121
몸무게	43.00	99.00	62.59	9.00	0.666	0.526
직장만족도	1.00	4.00	3.18	0.53	-0.240	-0.384

---

17) Hair, J.F JR., Anderson, R.E., Tatham, R.L., & Black, W.C. (1995). Multivariate data analysis(5th edition). Upper Saddle River, NJ : Prentice Hall.

5) 성별에 따른 직장만족도의 차이

성별에 따른 직장만족도의 차이를 확인하기 위해 두 집단의 평균차이를 확인할 수 있는 독립표본 t-test를 실시하였다. 분석결과, 두 집단 간 평균차이는 유의하지 않았다.[18]

<표 5> 성별에 따른 차이

변수	구분	평균	표준편차	t	p
직장만족도	남자	3.19	0.52	0.621	0.534
	여자	3.17	0.54		

6) 지역에 따른 건강만족도의 차이

집단구분에 조직만족도, 조직동일시, 조직몰입의 차이를 확인하기 위해 세 집단 이상의 평균차이를 확인할 수 있는 일원배치분산분석(One-way ANOVA)을 실시하였다. 집단 간 차이가 통계적으로 유의하였고(F=4.086, p<.05), 사후검정결과, 2지역에 비해 1지역의 평균이 높음을 확인하였다.

<표 6>

변수	구분	평균	표준편차	F	p (Scheffe)
건강만족도	1지역[a]	3.36	0.59	4.086*	0.017 (a>b)
	2지역[b]	3.25	0.55		
	3지역[c]	3.30	0.61		

*p<.05

---

18) 만약 결과가 유의했다면, 남자의 평균이 3.19이므로 남자의 평균이 높았다고 해석할 수 있다.

7) 성별에 따른 지역분포의 차이

성별에 따른 지역분포의 차이를 확인하기 위해 교차분석(x^2-test)을 실시하였다. 분석 결과 성별에 따른 지역분포의 차이는 통계적으로 유의한 차이가 없었다(x^2 =1.920, p>.05).[19]

<표 7> 연구대상의 일반적 특성

빈도(%)

변수	구분	성별		전체	x^2
		남자	여자		
지역	1지역	262(51.0)	252(49.0)	514(100.0)	
	2지역	254(50.6)	248(49.4)	502(100.0)	1.920
	3지역	102(56.4)	79(43.6)	181(100.0)	

---

19) 만약 결과가 유의했다면, '행' 비율 비교를 설정하여 분석했기 때문에, 위에서 아래로 비율을 비교한다. 즉, 남자의 경우 3지역에 가장 많이 속했고(56.4%), 여자의 경우 2지역에 가장 많이 속하는 것으로(49.4%) 해석할 수 있다.

8) 상관분석

본 연구의 변인 간 상관관계를 파악하기 위해 Pearson 상관분석을 실시하였다. 분석결과, 상사의리더십은 업무스트레스와 부적(−)으로 유의한 관계가 있었고(r=−.576, p<.001), 직장만족도와 정적(+)으로 유의한 관계가 있었다(r=.428, p<.001). 업무스트레스는 직장만족도와 부적(−)으로 유의한 관계가 있었다(r=−.513, p<.001).

<표 8>

	1	2	3
1.상사의리더십	1		
2.업무스트레스	-.576***	1	
3.직장만족도	.428***	-.513***	1

*** p<.001

9) 연구모형 검증

    본 연구의 연구목적은 상사의리더십과 이직의도의 관계에서 업무스트레스, 직장만족도의 이중매개효과를 확인하는 데 있다. 분석을 위해 PROCESS macro 4번 모형을 활용하여 다중병렬매개효과 분석을 실시하였고 결과는 <표 9>와 같다.

    먼저 모형1은 독립변수와 매개변수1의 관계를 확인하는 모형이며, F값이 통계적으로 유의하여 모형이 적합하였고(F=593.680, p<.001) 독립변수의 설명력은 33.2%로 나타났다. 상사의리더십과 업무스트레스의 관계를 살펴보면, 상사의리더십은 업무스트레스에 부적으로 유의한 영향을 미쳤다(β=-.58, p<.001). 즉 상사의리더십이 높을수록 업무스트레스는 감소하였다.

    모형2는 독립변수와 매개변수2의 관계를 확인하는 모형이며 F값이 통계적으로 유의하여 (F=267.879, p<.001) 모형이 적합하였고 독립변수의 설명력은 18.3%였다. 관계를 살펴보면 상사의리더십은 직장만족도에 정적으로 유의한 영향을 미쳤다(β=.43, p<.001). 즉 상사의리더십이 높을수록 직장만족도 역시 증가하였다.

    모형3은 독립변수와 매개변수1, 매개변수2가 종속변수에 미치는 영향을 확인하는 모형이며 F값이 통계적으로 유의하여(F=163.783, p<.001) 모형이 적합했고, 독립변수들의 설명력은 29.2%였다. 관계를 살펴보면 이직의도에 대하여 상사의리더십은 부적으로 유의한 영향을(β=-.10, p<.01), 업무스트레스는 정적으로 유의한 영향을(β=.44, p<.001), 직장만족도는 부적으로 유의한 영향을 미쳤다(β=-.07, p<.05). 즉 상사의리더십이 높을수록 이직의도는 감소하고, 업무스트레스가 높을수록 이직의도는 증가하고, 직장만족도가 높을수록 이직의도는 감소하였다.

    마지막으로 모형4는 독립변수와 종속변수의 직접적인 관계를 확인하는 모형으로 F값이 통계적으로 유의하여(F=202.68, p<.001) 모형이 적합했고, 모형의 설명력은 14.5%였다. 상사의리더십은 이직의도에 부적으로 유의한 영향을 미쳤고(β=-.38, p<.001) 이는 상사의리더십이 높을수록 이직의도가 감소하는 것을 의미한다. 독립변수와 종속변수의 직접적인 관계가 유의하였고, 매개변수와 함께 투입된 모형에서도 독립변수의 영향력이 여전히 유의하여 부분매개효과를 갖는 것으로 해석할 수 있다. 값을 중심으로 연구결과를 시각화한 그림은 <그림 1>과 같다.

<표 9>

모형	종속변수	독립변수	B	S.E.	β	t	F (R^2)
모형1	업무스트레스	상사의리더십	-0.56	0.02	-0.58	-24.37***	593.680*** (0.332)
모형2	직장만족도	상사의리더십	0.37	0.02	0.43	16.37***	267.879*** (0.183)
모형3	이직의도	상사의리더십 업무스트레스 직장만족도	-0.12 0.52 -0.09	0.04 0.04 0.04	-0.10 0.44 -0.07	-3.31** 13.66*** -2.32*	163.783*** (0.292)
모형4	이직의도	상사의리더십	-0.44	0.03	-0.38	-14.24***	202.68*** (0.145)

* p<.05, ** p<.01, *** p<.001

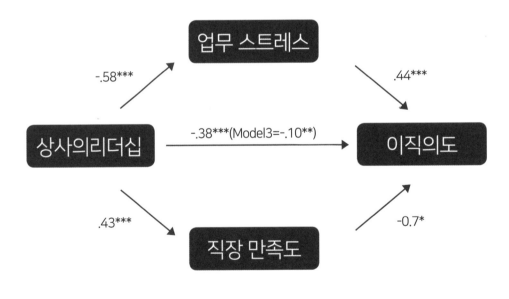

< 그림 1 >

매개효과 확인을 위해 Bootstrapping-test를 실시한 결과는 아래 <표 10>과 같다. 결과를 보면, Bootstrapping-test에서는 하한값(LLCI), 상한값(ULCI) 사이에 0이 포함되지 않을 때 유의한 것으로 판단하며, 총효과, 직접효과가 부적으로 유의하였다. 간접효과를 살펴보면, 상사의리더십이 업무스트레스와, 직장만족도를 통해 이직의도에 미치는 영향력이 부적으로 유의하였고, 개별적 매개효과에서는 업무스트레스의 매개효과, 직장만족도의 매개효과 모두 부적으로 유의하였다. 결국 상사의리더십은 업무스트레스를 낮춰 이직의도를 감소시켰고, 직장만족도를 높여 이직의도를 감소시켰다.

< 표 10 >

	경로	B	SE	LLCI	ULCI
	총효과	-0.44	0.03	-0.503	-0.381
	직접효과	-0.12	0.04	-0.186	-0.048
매개효과	X → M1, M2 → Y	-0.33	0.03	-0.377	-0.277
	X → M1 → Y	-0.29	0.03	-0.346	-0.241
	X → M2 → Y	-0.03	0.01	-0.062	-0.004

X = 상사의리더십, M1 = 업무스트레스, M2 = 직장만족도, Y = 이직의도

마치며

이 책은 NPJ데이터분석연구소의 다수의 논문 관련 강의 및 컨설팅을 통해 쌓아온 노하우 및 전략들이 정리되어있는 책입니다. 초보 연구자들의 입장에서 최대한 이해가 쉽도록 작성하였고, 연구경험자들 역시 보다 트렌디한 고급연구모형을 쉽게 접할 수 있도록 많은 내용을 다루고자 노력하였습니다. 물론 부족한 점도 존재하지만 이 책이 많은 연구자들에게 도움이 되길 바랍니다. 후속 책으로는 패널데이터를 활용한 종단연구방법, JAMOVI를 활용한 논문 작성법, 실험연구방법, 논문 글쓰기 등의 콘텐츠를 계획하고 있습니다. 많은 관심 부탁드립니다.

이 책이 나오기까지 많은 사람들의 도움이 있었습니다. NPJ를 신뢰해주신 많은 연구자분들, 그리고 연구동료분들, 책 집필에 도움을 주신 동료분들에게 감사를 표합니다. 마지막으로 나의 정신적 지주인 가족들에게 무한한 사랑과 감사함을 전합니다.

찾 아 보 기

MEMO

MEMO

MEMO

SPSS와 PROCESS MACRO를 활용한 논문작성법

ⓒ NPJ데이터분석연구소, 2021

초판 1쇄 발행 2021년 9월 1일
   2쇄 발행 2022년 6월 22일

지은이   NPJ데이터분석연구소
펴낸이   이기봉
편집   좋은땅 편집팀
펴낸곳   도서출판 좋은땅
주소   서울특별시 마포구 양화로12길 26 지월드빌딩 (서교동 395-7)
전화   02)374-8616~7
팩스   02)374-8614
이메일   gworldbook@naver.com
홈페이지 www.g-world.co.kr

ISBN   979-11-388-0150-8 (93310)